神奇的世界 SHENQI DE SHIJIE
数学秘史
陈敦和　主编
U0198282
上海科学技术文献出版社
Shanghai Scientific and Technological Literature Press

图书在版编目(CIP)数据

数学秘史/陈敦和主编. —上海:上海科学技术文献出版社,2019
(神奇的世界)
ISBN 978-7-5439-7894-2

Ⅰ.①数… Ⅱ.①陈… Ⅲ.①数学—普及读物
Ⅳ.①01-49

中国版本图书馆CIP数据核字(2019)第081258号

组稿编辑:张 树
责任编辑:王 珺

数学秘史

陈敦和 主编

*
上海科学技术文献出版社出版发行
(上海市长乐路746号 邮政编码200040)
全国新华书店经销
四川省南方印务有限公司印刷
*

开本700×1000 1/16 印张10 字数200 000
2019年8月第1版 2021年6月第2次印刷
ISBN 978-7-5439-7894-2
定价:39.80元
http://www.sstlp.com

前言 Preface

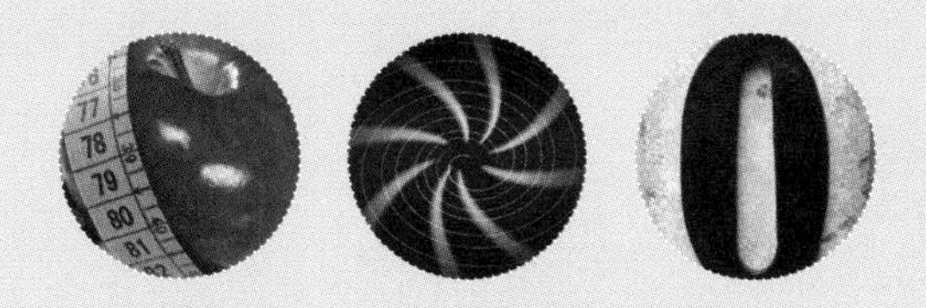

数学是在人类长期的社会实践中产生的。其发展历史可谓是源远流长。因此，它也和我们生活中的人文景观、天文气象、自然之谜等知识结下了不解之缘。尤其是在现代生活和生产中，数学的应用和发展异常广泛且迅速。

数学在人类文明的发展中起着非常重要的作用，推动了重大科学技术的进步。在早期社会发展的历史中，限于技术条件，依据数学推理和推算所做出的预见，往往要多年之后才能实现，因此数学为人类生产和生活带来的效益容易被忽视。进入20世纪，尤其是到了20世纪中叶以后，随着科学技术发展，数学理论研究与实际应用之间的时间已大大缩短，特别是当前，随着电脑应用的普及、信息的数字化和信息通道的大规模联网，数学技术成为了一种应用最广泛、最直接、最及时、最富创造力的重要技术，故而未来社会的发展将更加倚重数学的发展。

本书从数学的发展、数字的神秘、数学符号、几何图形等方面入手，用生动形象的话语让青少年去了解数学、喜欢数学，不仅能让青少年从中学到更多和数学有关的课外知识，也让青少年明白学习数学、热爱数学的好处，因为生活中的数学应用无处不在。通过本书，你将知道数学是一种方法，可以解决生活中的实际问题；数学是一种思维，可以开拓思路创造方法；数学是一种能力，可以让头脑更加灵活；数学更是一种文化，是文明的组成部分。正如华罗庚先生所说，近100年来，数学发展突飞猛进，我们可以毫不夸张地用“宇宙之大、粒子之微、火箭之速、化工之巧、地球之变、生物之谜、日用之繁等各个方面，无处不有数学”来概括数学的广泛应用。可以预见，科学越进步，应用数学的范围也就越大。

现在，就跟着本书一起去畅游数学王国吧，去认识数学的过去，去领略数学的现在，去畅想数学的未来吧。

目录 Contents

Ch1 1 数学其实很好玩

Ch2 27 神秘的数字

Ch3 53 一个都不能少——符号、单位

Ch4 71 趣谈“算术”

Ch5 91 变脸大王——几何

目录 Contents

神奇的世界

第一章 数学其实很好玩

数学对人类的影响是非常深远的。数学知识或数学结果，可能随时光消逝而成为过去。但“数学是锻炼思维的体操”，数学的重要性不仅仅是它蕴涵在各个知识领域之中，而且更重要的是它能很好地锻炼人的思维，有效地提高理性思维能力，而这种能力（理解能力、分析能力、运算能力）则是关系到学习效率的更重要的因素。

辉煌的中国数学史

在四大文明古国中，中国数学持续繁荣时期最为长久。在古代著作《世本》中就已提到黄帝使“隶首作算数”，但这只是传说。在殷商甲骨文记录中，中国已经使用完整的十进制记数，春秋战国时代，又开始出现严格的十进位制筹算计数。筹算作为中国古代的计算工具，是中国古代数学对人类文明的特殊贡献。

五千多年前的仰韶文化时期的彩陶器上，绘有多种几何图形，仰韶文化遗址中还出土了六角和九角形的陶环，说明当时已有一些简单的几何知识。

我国是世界上最早使用十进制计数的国家之一。商代甲骨文中已有十进制计数，最大数字为三万。商和西周时已掌握自然数的简单运算，已会运用倍数。

从公元前后至公元14世纪，中国古典数学先后经历了三次发展高潮，即秦汉时期、魏晋南北朝时期和宋元时期，并在宋元时期达到顶峰。

秦汉时期数学的发展

秦汉是中国古代数学体系形成的时期，它的主要标志是算术已成为一个专门的学科，以及以《九章算术》为代表的数学著作的出现。

成书于东汉初年的《九章算术》，是秦汉封建社会创立并巩固时

拓展阅读

中国数学一开始便注重实际应用，在实践中逐步完善和发展，形成了一套完全是自己独创的方式和方法。中国数学的显著特色是形数结合，以算为主，使用算器，建立了一套算法体系；中国数学理论的重要特征是“寓理于算”和理论高度精练。

期数学发展的总结，就其数学成就来说，堪称是世界数学名著。书中已经有分数四则运算、开平方与开立方以及二次方程数值解法、各种面积和体积公式、线性方程组解法、正负数运算的加减法则、勾股定理和求勾股数的方法等，水平都是很高的。其中方程组解法和正负数加减法则在当时的世界数学发展上是遥遥领先的。

秦汉时期的数学多强调实用性，偏重于与当时生产、生活密切相结合的数学问题及其解法。《九章算术》后来传到了日本、欧洲等国家，对世界数学的发展做出了很大的贡献。

魏晋南北朝时期数学的发展

魏晋时期出现的玄学到南北朝时非常繁荣，玄学挣脱了汉儒经学的束缚，思想比较活跃；它诘辩求胜，又能运用逻辑思维，分析义理，这些都有利于数学从理论上加以提高。其中吴国赵爽注《周髀算经》，魏末晋初刘徽撰《<九章算术>注》以及《九章重差图》都是出现在这个时期。他们为中国古代数学体系奠定了理论基础。 赵爽是中国古代对数学定理和公式进行证明与推导的最早的数学家之一，他在《周髀算经》书中补充的“勾股圆方图及注”和“日高图及注”是十分重要的数学文献。在“勾股圆方图及注”中他提出用弦图证明勾股定理和解勾股形的五个公式；在“日高图及注”中，他用图形面积证明汉代普遍应用的重差公式，赵爽的工作是具有开创性的，在中国古代数学发展中占有重要地位。刘徽的《<九章算术>注》不仅是对《九章算术》中提到的方法、公式和定理进行了一般的解释和推导，而且在论述的过程中有很大的发展。刘徽还创造割圆术，利用极限的思想证明圆的面积公式，并首次用理论的方法计算圆周率，他还用无穷分割的方法证明了直角方锥与直角四面体的体积比恒为2∶1，解决了一般立体体积的关键问题。在证明方锥、圆柱、圆锥、圆台的体积时，刘徽为彻底解决球的体积提出了正确途径，但他并没有给出公式。

东晋以后，中国长期处于战争和南北分裂的状态，经济文化也开始南移，这促进了南方数学的快速发展。这一时期的代表有祖冲之和他的儿子祖暅，祖冲之父子在刘徽《<九章算术>注》的基础上，把传统数学大大向前推进了一步。他们计算出圆周率在3.1415926～3.1415927之间，使中国在圆周率计算方面，比西方领先约一千年之久。而他的儿子祖暅则总结了刘徽的有关工作，提出“幂势既同则积不容异”，即等高的两立体，若其任意高处的水平截面积相等，则这两立体体积相等，这就是著名的祖暅公理。祖暅应用这个公理，解决了刘徽尚未解决的球体积公式。

宋元时期数学的发展

宋元时期，农业、手工业、商业空前繁荣，科学技术突飞猛进，火药、指南针、印刷术三大发明就是在这种经济高涨的情况下得到广泛应用。一些数学书籍的印刷出版，为数学发展创造了良好的条件。在这期间，出现了一批著名的数学家和数学著作，如贾宪的《黄帝九章算法细草》，刘益的《议古根源》，秦九韶的《数书九章》，李冶的《测圆海镜》和《益古演段》，杨辉的《详解九章算法》《日用算法》和《杨辉算法》，朱世杰的《算学启蒙》《四元玉鉴》等，在很多领域都达到古代数学的高峰，其中一些成就也是当时世界数学的高峰。

元代天文学家王恂、郭守敬等在《授时历》中解决了三次函数的内插值问题。中国古代计算技术改革的高潮也是出现在宋元时期。宋元历史文献中载有大量这个时期的实用算术书目，其数量远比唐代多得多，改革的主要内容仍是乘除法。在算法改革的同时，穿珠算盘在北宋可能已出现。但如果把现代珠算看成是既有穿珠算盘，又有一套完善的算法和口诀，那么应该说它最后完成于元代。

明清时期与近代数学

中国从明代开始进入了封建社会的晚期，16世纪末以后，西方初等数学陆续传入中国，使中国数学研究出现一个中西融合、贯通的局面；鸦片战争以后，近代数学开始传入中国，中国数学便转入一个以学习西方数学为主的时期；到19世纪末20世纪初，近代数学研究才真正开始。一些人开始出国学习数学，较早出国学习数学的有1903年留日的冯祖荀，1908年留美的郑之蕃，1910年留美的胡明复和赵元任，1911年留美的姜立夫，1912年留法的何鲁，1919年留日的苏步青等人。其中胡明复1917年取得美国哈佛大学博士学位，成为第一位获得博士学位的中国数学家。他们中的多数回国后成为著名数学家和数学教育家，为中国近现代数学发展做出了重要贡献。

随着留学人员的回国，各地大学的数学教育也有了起色。最初只有北京大学设有数学系，后来天津南开大学、东南大学（今南京大学）和清华大学等也相继建立数学系，不久武汉大学、齐鲁大学、浙江大学、中山大学也陆续设立了数学系，到1932年各地已有32所大学设立了数学系或数理系。1935年还成立了中国数学会，并且《中国数学会学报》和《数学杂志》相继问世，这些都标志着中国现代数学研究的进一步发展。

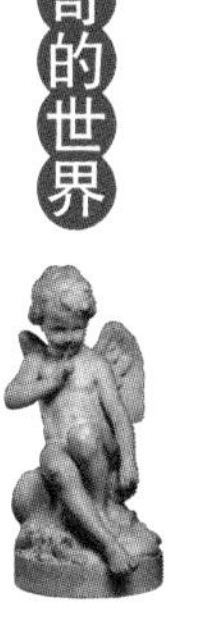

中国数学的世界之最

我们伟大的祖国，作为世界四大文明古国之一，在数学发展的历史长河中，曾经做出许多杰出的贡献。这些光辉的成就，当时远远走在世界的前列，在世界数学史上享有盛誉。

“位置值制”的最早使用

所谓“位置值制”，是指同一个数字由于它所在位置的不同而有不同的值。

到了春秋战国时期，我们的祖先已普遍使用算筹来进行计算。在筹算中，完全是采用十进位置值制来计数的，既比古巴比伦的六十进位置值制方便，也比古希腊、罗马的十进位置值先进。这种先进的计数制度，是人类文明的重要里程碑之一，在世界数学史上占有重要的地位。

分数和小数的最早使用

西汉时期，张苍、耿寿昌等学者整理、删补自秦代以来的数学知识，编成了《九章算术》。在这本数学经典的“方田”章中，提出了完整的分数运算法则。

刘徽所作的《九章算术注》是世界上最早的系统叙述分数和使用小数的著作，分数运算比西方早四百年。

负数的最早使用

在《九章算术》中，已经引入了负数的概念和正负数加减法则。刘徽说：“两算得失相反，要令正负以名之。”这是关于正负数的明确定义，书中给出的正负数加减法则，和现在教科书中介绍的法则完全一样。

直到公元7世纪，印度的婆罗门笈多才开始认识负数，欧洲第一个给予正负数以正确解释的是斐波那契，但他们已分别比我们的祖先晚七百多年和一千年左右。

数学与我们的生活

拜占庭时期的建筑师将正方形、圆形、立方体和半球的概念与拱顶漂亮地结合在一起，就像君士坦丁堡的圣索菲亚教堂中所用的那样。建筑师们研究、改进、提高，同时创造新思想。归根到底，建筑师有想象任何设计的自由，只要存在着支持所设计结构的数学知识。

数学与建筑

几千年来，数学一直是用于设计和建造的一个很宝贵的工具。它是建筑设计思想的一种来源，也是建筑师用来得以排除建筑上的试错技术的手段。例如：为建造埃及、墨西哥和尤卡坦的金字塔而计算石块的大小、形状、数量和排列的工作，依靠的是有关直角三角形、正方形、毕达哥拉斯定理、体积等知识。

秘鲁古迹马丘比丘设计的规则性，没有几何几乎是不可能的。

圆、半圆、半球和拱顶的创新用法成了罗马建筑师引进并加以完善的主要数学思想。

数学与埃舍尔的艺术

仅是人类的发明或创造。它们本来就“是”如此；它们的存在完全不依赖于人类的智慧。具有敏锐领悟能力的任何人所能做的事至多是发现它们的存在并认识它们而已。

——M.C.埃舍尔

M.C.埃舍尔经常用数学的眼光来观察他的许多研究领域。他用数学的眼光给予他所创造的对象以运动和生命。从《变形》《天和水》《昼和夜》《鱼和鳞》和《遭遇》等著名作品可以得到证明。

数学与生物学

数学推动了生物的发展，生物数学研究工作本身也推动了数学的发展。人们发现，不但以前许多数学的古典方法在生物科学中得到了很好的利用，而且对生物科学问题的研究，也给数学工作者提供了许多新的课题。例如近年来人们很有兴趣的关于“混沌现象”的研究等等，这种新课题的出现并非偶然，因为数学从研究非生命体到研究生命体是一个从简单到复杂的飞跃。

数学与音乐

难道不可以把音乐描述为感觉的数学，把数学描述为理智的音乐吗？

——J.J.西尔威斯特

若干世纪以来，音乐和数学一直被联系在一起。在中世纪时期，算术、几何、天文和音乐都包括在教育课程之中。如果不了解音乐的数学，在计算机对于音乐创作和乐器设计的应用方面就不可能有进展。数学发现，在现代乐器和声控计算机的设计方面必不可少的是周期函数。而音乐家和数学家将继续在音乐的产生和复制方面发挥同等重要的作用。

↓数学是重要的教育课程之一

数学与雕塑

维度、空间、重心、对称、几何对象和补集都是在雕塑家进行创作时起作用的数学概念。空间在雕塑家的工作中起着显著的作用。莱奥纳多·达·芬奇的大多数作品都是先经过数学分析然后进行创作的。因此发现数学模型可以兼用作艺术模型，就不令人奇怪了。在这些模型中，有立方体、球形、多面体、半球、正方形、圆形、三角形、角柱体等。不管是什么样的雕塑，里面都蕴涵着数学的智慧，虽然它在被设想出来和创造成功时可以不用数学思维。

有趣的数学奥林匹克

奥运会众所周知，可是你知道世界上还有个“数学奥林匹克”吗？数学奥林匹克，指的就是数学竞赛活动。数学竞赛是一项传统的智力竞赛项目，它对于激发青少年学习数学的兴趣，拓展知识视野，培养数学思维能力，选拔数学人才，都有着重要的意义。

最早举办中学生数学竞赛的是

↑我们的生活离不开数学

匈牙利。1894年匈牙利“物理数学协会”通过了在全国举办中学数学竞赛的决议。从此以后，除了在两次世界大战中和匈牙利事件期间中断过7年外，每年10月都要举行。匈牙利通过数学竞赛造就了一批数学大师，像费叶尔、哈尔、黎兹等，使得匈牙利成为一个在数学领域享有盛誉的国家，同时也引起欧洲其他国家的兴趣，各国纷纷仿效。

1902年，罗马尼亚由《数学杂志》组织了数学竞赛。1934年苏联在列宁格勒大学（现已更名为圣彼得堡大学）主办了中学数学奥林匹克竞赛，首次把数学竞赛与奥林匹克体育运动联系起来，以后逐年举行。数学竞赛的大兴起是在20世纪50年代，据不完全统计，那时举办全国性数学竞赛的已有近20个国家。我国在1956年由老一辈数学家华罗庚等人倡导，举办了首次中学生数学竞赛。各国数学竞赛的兴起为国际中学生数学奥林匹克的诞生提供了条件。

国际数学奥林匹克的诞生

1956年，在罗马尼亚罗曼教授的积极倡导下，东欧国家正式确定了开展国际数学竞赛的计划。1959年起有了“国际数学奥林匹克”，简称IMO。第一届IMO于1959年7月在罗马尼亚布拉索夫拉开帷幕。但前五届的参赛国仅限于东欧几个国家，20世纪60年代末才逐步扩大，发展成真正全球性的中学生数学竞赛。为了更好地协调组织每年的IMO，1981年4月成立了国际数学教育委员会的IMO分委员会，负责组织每年的活动。自此，IMO的传统一直没有中断，并逐步规范化。

数学让你的人生充满创造力

一个人从小学到大学都离不开数学课，就连现在所有大学里的文科专业也开设了高等数学课，甚至幼儿园的小朋友都要学习从计数开始的数学。从人类久远的古代计数所产生的自然数和从具有某种特定形状的物体所产生的点、线、面等，就已经是经过人们高度抽象化了的概念。

数学的魅力在生活

数学，这门古老而又常新的科学，已大步迈进了21世纪。数学科学的巨大发展，比以往任何时代都更牢固地确立了它作为整个学科技术的基础地位。数学正突破传统的应用范围，向几乎所有的人类知识领域渗透，并越来越直接地为人类物质生产与日常生活做出贡献。同时，数学作为一种文化，已成为人类文明进步的标志。因此，对于当今社会每一个文化人而言，不论他从事何种职业，都需要学习数学、了解数学和运用数学。现代社会对数学的这种需要，在未来无疑将更加与日俱增。

快乐的“数学思维”

数学是怎样创造出来的？能够做出数学命题和系统的头脑是怎样的头脑？几何学家或代数学家的智力活动比之音乐家、诗人、画家和棋手又怎么样？在数学的创造中哪些是关键因素？是直觉还是敏锐感？是计算机似的精确性吗？是特强的记忆力吗？还是追随复杂的逻辑次序时可敬畏的技巧？或者是极高度的用心集中吗？

数学的思考模式，就是把具体的事物抽象化，把抽象的事物公式化，把复杂的事物简单化，做任何事情都能首先有一个提纲挈领的全盘思考然后再去做，效果肯定是事半功倍的。这既是成功人士的思维习惯，也是快乐人生的思维习惯。

↑数学让你的人生充满创造力

数学让你的人生充满创造力

陶哲轩是个天才，他6岁时在家看手册自学了计算机BASIC语言并开始为数学问题编程；8岁时，他写的“斐波那契”程序的导言就因为“太好玩”而被数学家克莱门特完全引用；20岁时，他获得普林斯顿大学博士学位；24岁被洛杉矶加州大学聘为正教授；31岁获数学领域的世界最高奖。

童年的陶哲轩始终是活泼的、有创造力的、有时爱做恶作剧的孩子，父母总是给他时间让他玩，让他有时间想自己的东西，因为他们担心不这样做，儿子的创造力就会慢慢枯竭。

他曾谦虚地说：“我到现在也没摸清作文的窍门，我比较喜欢明确一些定理规则然后去做事。”他童年时写《我的家庭》时，就把家里从一个房间写到另一个房间，记下一些细节，并排了一个目录。不理解他的人会认为——他真的不会写作，理解他的人会知道——他已经掌握了用数学模式思考所有问题的能力，这就是数学家与普通人的思维方式的区别。

善于追求“我思故我乐”

数学是人创造出的最简单也是最系统的学科，小到生活里的各种计算，大到对国家的科技贡献。也许你会认为，科学与艺术、数学与哲学，这些学科的分界越往上越模糊，但你要记住：所有的知识到了最后都是相同的，而他们一开始的基础也是一样的，那就是用最准确的方式描述出事物的特征和规律。而数学就是让我们学习找到这种特征和规律的方法，即用数学的模式去思考、去判断、去解决，由繁到简、由难到易，这不仅是思维的飞越，更是能力的飞越。一个能够体验“我思故我乐”的孩子，他的人生也一定是不同寻常的！

是谁发明了乘法口诀表

中国古代的数学，与古希腊数学体系不同，它侧重研究算法。“算术”这个词，在我国古代是全部数学的统称。算术是数学中最古老、最基础和最初等的部分，它研究数的性质及其运算。

我国最早的乘法口诀表

2002年，湖南考古人员在龙山里耶一座古城的废井中出土了36000余枚秦简，引起轰动。专家们在对“秦简”进行初步的清理中，发现了我国最早的记载于简牍上的乘法口诀。

古代的乘法口诀和现代的有所不同。古代的九九乘法口诀又称“小九九”，它的排列顺序与现在的正好相反，是从“九九八十一”开始，到“二二得四”结束，因为乘法口诀开头的两个字是“九九”，所以人们简称它为“九九”。大约到了十三四世纪的时候，数学家们认为“九九八十一”到“二二得四”不符合数学上的从小到大的排列顺序，所以才改过来变为“二二得四”到“九九八十一”，另外又加上了“一一得一”这一行，一直沿用到现在。

现代的“小九九”

中国使用《九九乘法歌诀》的时间较早。在《荀子》《管子》《淮南子》《战国策》等书中就能找到“三九二十七”“六八四十八”“四八三十二”“六六三十六”等句子。由此可见，早在春秋战国时期，“九九歌谣”就已经被人们广泛使用。历史上沿用下来的乘法口诀有“大九九”和“小九九”，但由于乘法有交换律，所以多用“小九九”而很少用“大九九”了。现在的小九九有45句，大九九有81句（除掉9个两个相同数的积）。

中国古代的计算器——算盘

在算筹的基础上，人们发明了“算盘”。算盘到底是谁发明的，历史上一直有争议。有人认为是古希腊人从单词“Mesopotamia”进化而来的。古希腊人在泥版上画上直线，然后在直线的上面和下面放上小石块用来代表数字，跟现代的算盘有些相似。这样的泥版被考古学家在希腊找到，现放在雅典一间博物馆里供世人参观。

算盘——希腊与中国之“争”

东汉末年，数学家徐岳在《数术记遗》中记载，他的老师刘鸿访问隐士天目先生时，天目先生解释了14种计算方法，其中一种就是珠算，采用的计算工具很接近现代的算盘。这种算盘每位有5个可动的算珠，上面一颗相当于5，下面4颗每颗相当于1。这一记载要比欧洲各国都要早。不过珠算发明后，很长时间没有得到普及。大约到了宋、元时，珠算才逐渐流行起来。

不论是古希腊的算盘还是中国的算盘，有一点是肯定的，那就是盘面上没有“0”的位置，而取“空格”来代替0。算盘的概念要比古罗马数字前进了一大步，它不仅可以记数，而且方便运算。

算盘，谜一样的起源

算盘究竟是什么时候什么人发明的，现在无从考查。但它的使用应该很早。《数术记遗》记载：“珠算控带四时，经纬三才。”可见汉代就有了算盘。

有些历史学家认为，算盘的名称，最早出现于元代学者刘因撰写的《静修先生文集》里。在《元曲选》中由无名氏著的《庞居士误放来生债》里也提到算盘。剧中有这样一句话：“闲着手，去那算盘里拨了我的岁数。”

1274年，杨辉在《乘除通变算

宝》里，1299年朱世杰在《算学启蒙》里，都记载了有关算盘的《九归除法》。1450年吴敬在《九章详注比类算法大全》里，对算盘的用法记述较详。张择端在《清明上河图》中画有一算盘，可见，早在北宋时或北宋以前我国就已普遍使用算盘了。

历史的求证

随着新史料的发现，又形成了算盘起源于唐朝、流行于宋朝的第三说。其依据是，宋代名画《清明上河图》中，画有一家药铺，其正面柜台上赫然放有一架算盘，经中日两国珠算专家将画面摄影放大，确认画中之物是与现代使用算盘形制类似的串档算盘。

1921年在河北巨鹿县曾挖掘到一颗出于宋人故宅的木制算盘珠，已被水土淹没八百年，但仍可见其为鼓形，中间有孔，与现代算盘毫无两样。而唐代是中国历史上的盛世，经济文化都较发达，需要有新的计算工具，使用了两千年的筹算在此时演变为珠算，算盘在这一时期被发明，是极有可能的。

算盘一类的计算工具在很多文明古国都出现过。例如古罗马算盘没有位值概念，因此被淘汰。而俄罗斯算盘的每柱有十个算珠，计算麻烦。现在很多国家流行的是中国式的算盘。

中国古代的“计算器”→

拓展阅读

算盘，系当代“计算器”前身，五千年前就诞生了。随着时代不断前进，算盘不断得到改进，成为今天的“珠算”。特别是民间，当初认字的人不多，但是，只要懂得了算盘的基本原理和操作规程，人人都会应用。所以，算盘在古老中国民间很快广泛流传和被应用，同时也陆续传到了日本、朝鲜、印度、美国、东南亚等国家和地区。算盘的出现，被称为人类历史上计算器的重大改革，就是在电子计算器盛行的今天，它仍然在发挥着它特有的作用。

你知道中国最早的一部数学书吗

《周髀算经》是中国现存最早的一部数学典籍，成书时间大约在两汉之间（纪元之后）。也有史家认为它的出现更早，是始于周而成于西汉，甚至更有人说它出现在公元前一千年。

而《九章算术》大约出现在公元纪元前后，它系统地总结了我国从先秦到西汉中期的数学成就。该书作者已无从查考，只知道西汉著名数学家张苍、耿寿昌等人曾经对它进行过增订删补。全书分作九章，一共搜集了246个数学问题，按解题的方法和应用的范围分为九大类，每一大类作为一章。

中国古代数学的辉煌

南北朝是中国古代数学蓬勃发展时期，相继有《孙子算经》《夏侯阳算经》《张丘建算经》《海岛算经》等10部数学著作问世。所以当时的数学教育制度对继承古代数学经典是有积极意义的。

600年，隋代的刘焯在制定《皇极历》时，在世界上最早提出了等间距二次内插公式；唐代僧一行在其《大衍历》中将其发展为不等间距二次内插公式。

贾宪在《黄帝九章算法细草》中提出开任意高次幂的“增乘开方法”。同样的方法至1819年才由英国人霍纳发现；贾宪的二项式定理系数表与17世纪欧洲出现的“帕斯卡三

↓神奇的数学

角”是类似的。遗憾的是贾宪的《黄帝九章算法细草》书稿已佚。

《黄帝九章算法细草》的地位

贾宪是北宋杰出的数学家，其老师楚衍是北宋前期著名的天文学家和数学家。贾宪是否从事过数学教学工作，我们不得而知，但就其在宋代学术的活跃性以及数学地位而言，不能排除他传授数学知识的可能性。我们知道，古代学者著书立说的目的之一就是教育世人，“宪运算亦妙，有书传于世”当可佐证。贾宪的《黄帝九章算经细草》奠定了中国古代数学在宋元达到高潮的基础。

在历史前进中衰退

14世纪中后叶明王朝建立以后，统治者开始奉行以八股文为特征的科举制度，在国家科举考试中大幅度消减数学内容，自此中国古代数学便开始呈现全面衰退之势。

趣味小故事

·《皇极历》和《大衍历》·

隋朝天文学家刘焯编制的《皇极历》，创立了计算日月运行的新方法，是当时最先进的历法。《皇极历》也是我国古代现存最早的给出完整的太阳运动不均匀改正数值表的历法。

唐朝天文学家僧一行，在《皇极历》的基础上制定了《大衍历》，比较准确地反映了太阳运行的规律，系统周密，表明中国古代历法体系的成熟。僧一行还是世界上用科学方法实测地球子午线长度的创始人。

↓小学的数学课本

为什么没有诺贝尔数学奖

诺贝尔不愧是19世纪典型的、极富天才的发明家，他的发明更多来自于其敏锐的直觉和非凡的创造力，而不需要借助任何高等数学的知识，其数学知识可能刚好到中学水平。不过19世纪后期，在化学领域研究一般也不需要高等数学，数学在化学中的应用发生在诺贝尔去世以后。

诺贝尔留给历史的谜题

诺贝尔在他的遗嘱中说明了诺贝尔奖的奖赏范围，却唯独少了与数学家有关的奖项，使得数学这个重要学科失去了在世界上评价其重大成就和表彰其卓越人物的机会。是什么让诺贝尔做出不奖励数学家的决定？是不经意忘记了还是另有原因？这道像谜一样的数学“难题”摆在了人们面前。

有趣的猜测

如果说诺贝尔本人根本无法预见或想象到他所涉及的数学在推动科学发展上所起到的巨大作用，因此忽视了设立诺贝尔数学奖也不难理解。但现在的史学家们越来越多地相信诺贝尔忽视数学是受他所处时代和他的科学观的影响。诺贝尔16岁时就不再接受公立学校的教育，也没有继续上大学，之后只是从一位优秀的俄罗斯有机化学家那里接受了一些私人教育。而正是这位化学家在1855年把诺贝尔的注意力引向了硝酸甘油。

不过也有国外学者认为这件事可能与诺贝尔的爱情受挫有关。诺贝尔有一个比他小13岁的维也纳女友，后来被诺贝尔发现她和一位数学家私奔。对于此事，诺贝尔一直耿耿于怀，终身未娶。也可能正是这件事让诺贝尔将数学排除在外。当然这些都是猜测，诺贝尔为什么没有设立数学奖，只有他知道。但不可否认的是，尽管没有奖项，人们对数学的研究和其发展却从未停止过。

“菲尔兹”——数学界的诺贝尔奖

为了让数学家们享受他们应该有的荣誉，世界上先后建立起了两个国际性的数学大奖：一个是四年一次，由国际数学家联合会主持评定并在国际数学家大会上颁发的菲尔兹奖；另一个是由“沃尔夫基金会”设立的一年一度的沃尔夫数学奖。菲尔兹奖的权威性和国际性，以及所享有的荣誉都不亚于诺贝尔奖，因此被人们誉为“数学中的诺贝尔奖”。

菲尔兹是已故的加拿大数学家、教育家，全名约翰·查尔斯·菲尔兹。菲尔兹奖于1936年开始颁发，其最大特点是奖励年轻人，只授予40岁以下的数学家（这一点在刚开始时没有具体要求，后来才被明文规定），即那些能对未来数学发展起到重大作用的人。

菲尔兹奖是一枚金质奖章和1500美元的奖金。奖章是由加拿大雕塑家罗伯特·泰特·麦肯齐设计的，正面是古希腊科学家阿基米德的右侧头像，在头像旁刻上“阿基米德”（希腊文），以及作者名字的缩写和设计年份的罗马数字，还有一句“超越他的心灵，掌握世界”(拉丁文)，此话出自罗马诗人马尔库斯·马尼利乌斯的著作《天文学》卷四第392行。奖章的背面刻有“聚集自全球的数学家，为了杰出著作而颁发”（拉丁文），背景为阿基米德的球体嵌进圆柱体内。

神圣的“菲尔兹”奖

也许就奖金数目而言，“菲尔兹”奖完全比不上诺贝尔的奖金，在当时也并没有引起世界太多关注，就连很多数学专业的大学生也未必知道这个奖，科学杂志更不会去大肆报道。然而30年以后的情况却突然变得不一样，每次国际数学家大会的召开，从国际上权威性的数学杂志到一般性的数学刊物，都争相报导获奖人物。

为什么在人们的心目中，它的地位突然变得如此重要呢?

主要原因一是因为它是由数学界的国际权威学术团体——国际数学联合会主持，从全世界的第一流青年数学家中评定而来；第二它是在每隔四年才召开一次的国际数学家大会上隆重颁发的，且每次获奖者仅2~4名（一般只有两名），因此获奖的机会比诺贝尔奖还要少；第三，也是最根本的一条，是由于得奖人的出色才干，赢得了国际社会的声誉。正如一位著名数学家对1954年的两位获奖者做出的评价：他们“所达到的高度是自己未曾想到的”；“他们在数学天空中灿烂升起，是数学界的精英”；“数学界为你们所做的工作感到骄傲”。

这就不难看出人们对菲尔兹奖的重视，同时对青年数学家来说，这也是世界上最高的国际数学奖。

打电话的数学应用

每次当你拿起电话听筒打电话、发传真或发信息时，你就进入了非常复杂的巨大网络。覆盖全球的通信网是惊人的。很难想象每天有多少次电话在这网络上打来打去。一个系统被不同国家和区域的不同系统“分割”，它是如何运行的呢?一次电话是如何通向你的城市、你的国家或另一国家中的某个人的呢?

电话与数学网络

在早期电话史上，打电话的人拿起电话听筒，摇动曲柄，与接线员联系。一位本地接线员的声音从本地交换台来到线上，说“请报号码”，然后他把你同你试图通话的对方连接起来。如今，古老的电话敬语“请报号码”已经变成了一个庞大而复杂的数学网络。

你的声音是如何通过电话传播的？你的声音产生声波，在听筒中转换成电信号。这些电信号可以是沿光纤电缆传递的激光信号，也可以自动转换成无线电信号，然后利用无线电或微波线路从一个国家的一座塔传送到另一座塔。

新型数字信号

在美国，大部分电话都是由自动交换系统接通的，各个通话可以沿着线路以特定的次序“同时”进行，直到它们被译码而传至各自的目的地。现在，电子交换系统是最快的，这系统有一个程序，程序里包含了有关电话运行的所有信息，并且能时刻了解哪些电话正在使用，哪些通道是可用的。

↓打电话的数学应用

用数学打一场胜战

二战迫使美国政府将数学与科学技术、军事目标空前紧密地结合起来，开辟了美国数学发展的新时代。1941至1945年，美国政府提供的数学研究与发展经费占全国同类经费总额的比重骤增至86%。美国的“科学研究和发展局”于1940年成立了“国家防卫科学委员会”，为军方提供科学服务。

阿基米德的数学军事应用

提起数学与军事，人们可能更多地想到数学可以用来帮助设计新式武器，比如阿基米德的传闻故事：叙拉古王国遭到罗马人的攻击，国王请其好友阿基米德帮忙设计了各式各样的弩炮、军用器械，利用抛物镜面聚太阳光线，焚毁敌人船舰等。

当然，这样的军事应用并没有用到较高层次的数学。并且，古时的数学应用于军事也只能到这种层次。《五曹算经》中的兵曹，其所含的计算，仅止于乘除；再进一步，也不过是测量与航海。

数学与军事，缺一不可

到了20世纪，科学发展促使武器进步，数学才真的可能与战事有密切的关系，例如数学的研究工作可能与空气动力学、流体动力学、弹道学、雷达及声呐、原子弹、密码与情报、空照地图、气象学、计算机等有关，而直接或间接影响到武器或战术。

方程在海湾战争中的应用

1991年海湾战争时，有一个问题摆在美军计划人员面前，如果伊拉克把科威特的油井全部烧掉，那么冲天的黑烟会造成严重的后果，这不只是污染的问题，满天烟尘将导致阳光不能照到地面，引起气温下降，如果失去控制，造成全球性的气候变化，就

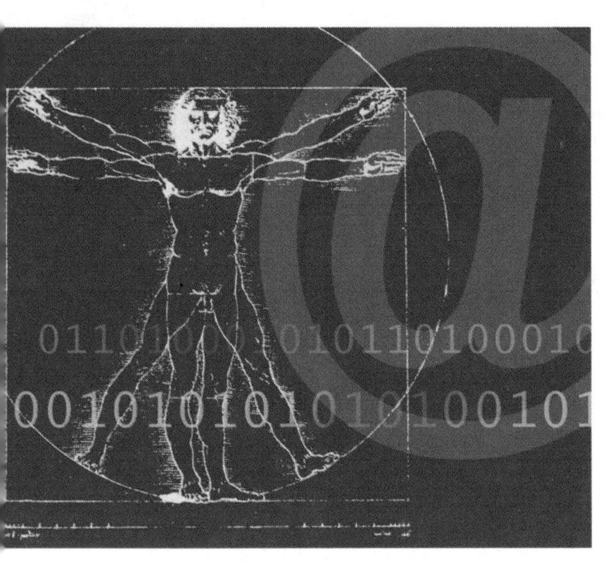

↑数学已运用到生物、军事等多个领域

可能造成不可挽回的生态与经济后果。五角大楼因此委托一家公司研究这个问题，这个公司利用流体力学的基本方程以及热量传递的方程建立数学模型，经过计算机仿真，得出结论，认为点燃所有的油井后果是严重的，但只会波及海湾地区以至伊朗南部、印度和巴基斯坦北部，不至于产生全球性的后果。这对美国军方计划海湾战争起了相当大的作用，所以有人说："第一次世界大战是化学战争（炸药），第二次世界大战是物理学战争（原子弹），而海湾战争是数学战争。"

预测军事的边缘参数

军事边缘参数是军事信息的一个重要分支，它是以概率论、统计学和模拟试验为基础，通过对地形、气候、波浪、水文等自然情况和作战双方兵力兵器的测试计算，在一般人都认为无法克服、甚至容易处于劣势的险恶环境中，发现实际上可以通过计算运筹，利用各种自然条件的基本战术参数的最高极限或最低极限，如通过计算山地的坡度、河水的深度、雨雪风暴等来驾驭战争险象，提供战争胜利的一种科学依据。

输在换弹的五分钟

在战争中，有时忽略了一个小小的数据，也会导致整个战局的失利。

二战中日本联合舰队司令山本五十六是一位"要么全赢，要么输个精光"的"拼命将军"。在中途岛海战中，当日本舰队发现按计划空袭失利，海面出现美军航空母舰时，山本五十六不听同僚的合理建议，妄图一举歼灭敌方，根本不考虑美军舰载飞机可能先行攻击的可能。他命令停在甲板上的飞机卸下炸弹换上鱼雷攻击美舰，想靠鱼雷击沉美军航空母舰来获得最大的打击效果，而完全忽略了飞机换装鱼雷的过程需要五分钟。结果，就在日军把炸弹换装鱼雷的时间里，日舰和"躺在甲板上的飞机"变成了活靶子，遭到美军舰载飞机的"全面屠杀"，日本舰队损失惨重。可见，忽略了这个看似很小的时间因素，损失是多么重大。

你知道什么是幻方吗

如果将抽象、枯燥的数字，按一定规律摆成一个整齐的数字方阵，且图中任意一横行、一纵行及对角线的几个数之和都相等，具有这种性质的图表称为“幻方”。在确定“幻方”这个名称之前，欧美等国称它为“魔方阵”，而中国古代把它叫作“纵横图”“河图”“洛书”。

数学世界的珍品——幻方

幻方最早记载于我国公元前500年的春秋时期《大戴礼》中，这说明我国人民早在2500年前就已经知道了幻方的排列规律。国外研究幻方的构造大约从14世纪才开始，比我国要晚1000多年。而宋元时期是中国古代传统数学发展的高峰时期，杨辉（杨辉编制出的3—10阶幻方，记载在他1275年写的《续古摘厅算法》一书中）与秦九韶、李冶和朱世杰并称为“宋元数学四大名家”，为数学的发展做出了不可磨灭的贡献。

龟背上的图案

幻方的来历带着传奇的色彩。相传在公元前23世纪大禹治水的时候，在黄河支流洛水（今河南境内的一条河）里浮出了一只神龟，龟背上的花纹隐约可见，是一幅9种花点的图案，正巧是1—9这9个数，各数位置的排列也相当奇妙，共有45个黑白圆圈，黑色表示阴（偶数），白色表示阳（奇数）。由于此图出自洛水，故被人们称作“洛书”。大禹获得此图后，按图上9个数的位置和关系确定了治水方案，并进一步把它作为治理天下的准则。

↓幻方图案

关于这个传说不仅在《易经》里有记载，在汉代《尚书》孔传里也有一段描述：“天与禹洛出书。神龟负文而出，列于背，有数至于九。禹遂因而第之以成九类常道。”此外，在孔子、墨子、庄子、司马迁等人的著作中，都曾提到这个古老而神奇的传说。后来人们把洛书又称为“九宫图”。

虽然神话传说之类不足为据，但作为旁证，它已表明中国人民在很早的时候就已经发现了幻方这种有趣的数字方阵。不仅如此，还有大量证据表明，1—9里面的3×3幻方在汉代就已被发现了。

幻方与占卜算卦

幻方最初似乎只是一种“思维体操”，可以培养人们学习数学的兴趣，有助于开发智力、拓宽思路。随着社会的进步和国际间文化的交流，各国数学家都先后开始了对幻方结构的研究。

到了近代，幻方已经成为组合数学研究的一个有趣课题。特别是从上世纪电子计算机出现之后，幻方已经在图论、程序设计、实验设计、对策论、概率统计、人工智能以及工艺美术等方面得到了广泛的应用。

但有些奇怪的是，很多人把幻方看成是一个神秘的魔方阵，认为它与占卜算命有关，甚至在某些地区还有人把它当作护身符。在中国，幻方更有着特殊的意义，因为它出自《易经》，在这部算命先生们奉为圣典的古籍中有明确记载，再加上它本身的神秘性，这就是占卜算卦的人把它画在方布上面的原因。

洛书与河图

与河图相比较，洛书标志着中国原始文化的更高成就。洛书只用了9个自然数（而河图则用了10个），排列成一个正方形，形成华夏历史上影响深远的九宫图，且结构奇妙，其无穷变化令中外数学家为之叹服！洛书开了幻方世界的先河，成为组合数学的鼻祖。数学家华罗庚对洛书非常推崇，称“洛书可能作为我们和另一星球交流的媒介”，因为另一星球的生命只要对着数数就行了，不必依靠任何语言。

知识链接

杨辉，杭州人，生活于13世纪中后期，是当时我国东南一带有名的数学家。他走到哪里都有人向他请教数学问题。从1261年到1275年，他先后编写了五种共21卷的数学著作。他编写的一部算书中，有四阶、五阶、六阶直至十阶的幻方，而且幻方的概念也有了发展：既可以是方形的，也可以是圆形的；既可以是平面的，也可以是立体的。其中有关幻方的研究是宋代研究幻方方面最重要的工作。

数学世界里的条形码

我们到超市买东西时，收银台的服务员总要拿出一个能够发出红光的小物体，对着我们商品后面的条形码进行扫描，然后商品的价格就会清清楚楚地显示在屏幕上。

条形码是一组平行排列的、宽窄不同的黑白条纹，在我们的日常生活中应用得非常广泛。在普通的生活用品包装上，在正式出版发行的书刊、杂志的封底上，都可以看到条形码。

条形码与异想天开的想法

条形码技术是随着计算机与信息技术的发展和应用而诞生的。它是集编码、印刷、识别、数据采集和处理于一身的新型技术，它能够经济、快速、准确地收集和传递信息。说得简单点，条形码的用途就是传递信息。

最早被打上条形码的产品是箭牌口香糖。条形码技术最早产生在20世纪20年代，诞生于威斯汀豪斯实验室里。一位名叫约翰·科芒德的性格古怪的发明家“异想天开”地想对邮政单据实现自动分拣。

他的想法是在信封上做条码标记，条码中的信息是收信人的地址，就像今天的邮政编码。为此科芒德发明了最早的条码标志，设计方案非常的简单（注：这种方法称为模块比较法），即一个“条”表示数字“1”，二个“条”表示数字“2”，以此类推。然后，他又发明了由基本的元件组成的条码识读设备：一个扫描器（能够发射光

↓数学世界里的条形码

并接收反射光）；一个测定反射信号条和空的方法，即边缘定位线圈；使用测定结果的方法，即译码器。此后不久，科芒德的合作者道格拉斯·杨，在科芒德码的基础上做了些改进。

“科芒德”码所包含的信息量相当的低，只能对十个不同的地区进行编码，并且很难编出十个以上的不同代码。而“杨”码使用更少的条，却可在同样大小的空间对一百个不同的地区进行编码。

常用的条形编码

目前世界上常用的码制有ENA条形码、UPC条形码、二五条形码、交叉二五条形码、库德巴条形码、三九条形码和128条形码等。汽车工业选用的是Code39码，这是对世界汽车业技术导向有一定作用的AIAG规定的汽车行业标志规范。而商品上最常使用的是EAN商品条形码，它也被称为通用商品条形码，由国际物品编码协会制定，通用于世界各地，是目前国际上使用最广泛的一种商品条形码。我们国家目前推行使用的也是这种商品条形码。EAN商品条形码分为EAN—13（标准版）和EAN—8（缩短版）两种。

未来——条形码的世界

有时候，我们会看到条形码不能被识读，收银台的服务员就会把条形码上的数字挨个地输入电脑，于是条形码又变成机器能够识别的“语言”了。这就是条形码设计人员考虑周到的地方。当条形码识读设备出问题时，就可以用人眼去识别，所以在各种条形码中都加有供人去识别的字符。因此，条形码的组成并非只有宽窄不同的竖条和空格，还有相对应的字符。根据条形码的外观特征，国外有的将之称为棒码、宇宙线、斑马线等。

使用条形码扫描是今后市场流通的大趋势。为了使商品能够在全世界自由、广泛地流通，它的编码就要有一个统一的规范。世界上不少行业或团体都规定了自己的条形码使用规范，企业无论是设计制作、申请注册还是使用商品条形码，都必须遵循商品条形码管理的有关规定。

知识链接

直到1949年的专利文献中，才第一次有了诺姆·伍德兰和伯纳德·西尔沃发明的全方位条形码符号的记载，在这之前的专利文献中始终没有条形码技术的记录，也没有投入实际应用的先例。诺姆·伍德兰和伯纳德·西尔沃的想法是利用科芒德和杨的垂直的“条”和“空”，并使之弯曲成环状，非常像射箭的靶子。这样扫描器通过扫描图形的中心，不管条形码符号方向的朝向，都能够对条形码符号进行解码。

数学史上的最大冤案

在自然科学领域，有不少公式和定律是以发现者的名字命名的，而数学史上的“卡尔丹诺公式”的命名则是一桩地地道道的冤案。

“卡尔丹诺公式”是真还是假

人类很早就掌握了一元二次方程的解法，但是对一元三次方程的研究，却进展缓慢。古代的中国、希腊和印度等地的数学家都曾努力去钻研过一元三次方程，但他们所发明的几种解法只能解决特殊形式的三次方程，对一般形式的三次方程就不适用了。

16世纪的欧洲，随着数学的发展，一元三次方程也有了固定的求解方法。在很多数学文献上，把三次方程的求根公式称为“卡尔丹诺公式”，意思是说它是由卡尔丹诺这位意大利数学家发现的。那么，事实真的是这样吗？

被淹没的真相

数学史上最早发现一元三次方程通式解的人，其实是16世纪意大利的另一位数学家尼柯洛·冯塔纳。尼柯洛·冯塔纳在10多岁时，被入侵意大利的法国兵砍伤，差点丢了命，和他在一起的父亲却遇害身亡。虽然冯塔纳捡回了一条命，但舌头上的伤却使冯塔纳一辈子都咬字不清，人们给他起了个绰号：塔尔塔里亚（结巴子）。久而久之，塔尔塔里亚成了他的大号，真名反而没人记得了。以至在后来的很多数学书中，都直接用“塔尔塔里亚”来称呼冯塔纳。

没了父亲，母亲也无力供他念书，但冯塔纳通过艰苦的努力，终于自学成才，成为16世纪意大利最有成就的学者之一。

经过多年的探索和研究，冯塔纳利用十分巧妙的方法，找到了一元三次方程一般形式的求根方法。不过那时候的学者们很自私，他们一旦有所发现就会严守秘密，并向对手挑战，以此成名。这有点像中国武侠小说中的武林高手，总喜欢打败别人来证明自己的领袖地位。冯塔纳找到了一元三次方程的求根方法后，另一名数学界的名人弗里奥便向他发出了挑战，这位名人压根不信冯塔纳这个乡巴佬也会解三次方程。于是，双方在1535年2月22日那天来了一次"华山论剑"，结果冯塔纳大获全胜。此次较量使他从此名震欧洲，登门求教的人络绎不绝，冯先生自然是严守秘密，不愿将他的这个发现公之于众，只准备以后发表在自己的大作里。

秘密泄露在花言巧语之下

当时另一位数学家卡尔丹诺对冯塔纳的发明极感兴趣，可是几次登门求教都被拒绝。不过这位先生挺执着，又能说会辩，经过几次甜言蜜语的轰炸，终于把冯先生灌得晕乎乎的，从而得到了想要的东西。这位卡先生倒也真是位人才，悟性极高，他通过解三次方程的对比实践，很快就彻底揭晓了冯塔纳的秘密，然后将之写进了自己的大作《大法》中，但并没有提到冯塔纳的名字。冯塔纳被激怒了，要与卡尔丹诺在米兰城公开辩论。没想到卡尔丹诺那边有一大帮信徒，他们反诬冯塔纳剽窃卡先生的成果。冯塔纳找不出有效的证据来表明自己的清白。而且，为了让冯塔纳永远闭嘴，卡尔丹诺竟然雇凶杀人，冯塔纳就这样被冤死了。不过，也有人说，冯塔纳预见到了卡尔丹诺很可能杀他灭口，在辩论当天趁着夜色逃出了米兰城。

后来，了解真相的人们逐渐把"卡尔丹诺公式"称为"塔尔塔里亚—卡尔丹诺公式"，历史终于还了它本来的面目。

知识链接

卡尔丹诺剽窃他人的学术成果，并且据为己有，这一行为在人类数学史上留下了不甚光彩的一页。这个结果对于付出艰辛劳动的冯塔纳当然是不公平的。但是，冯塔纳坚持不公开他的研究成果，也不能算是正确的做法，起码对于人类科学发展而言，是一种不负责任的态度。

神奇的世界

第二章

神秘的数字

古代印度人创造了印度数字后，大约到了公元7世纪，这种数字传到了阿拉伯地区，成为了阿拉伯数字。可见，阿拉伯数字起源于印度，但却是经由阿拉伯人传向四方的。这就是它们后来被称为阿拉伯数字的原因。

数字是怎么来的

根据资料记载，数字的发展经历了很长的时间。最古老的计数数目大概至多到“3”，为了要设想“4”这个数字，就必须把2和2加起来，5是2加2加1。较晚才出现用手的五指表示“5”这个数字和用双手的十指表示“10”这个数字，这个原则实际上也是我们计数的基础。

开启历史的《算盘书》

13世纪时，意大利数学家斐波那契写出了《算盘书》，在这本书里，他对印度数字做了详细的介绍。后来，这种数字从阿拉伯地区传到了欧洲，欧洲人只知道这些数字是从阿拉伯地区传入的，所以便把这些数字叫作阿拉伯数字。以后，这些数字又从欧洲传到世界各国。阿拉伯数字传入我国，大约是13到14世纪。由于我国古代有一种数字叫“码子”，写起来比较方便，所以阿拉伯数字当时在我国没有得到及时的推广运用。20世纪初，随着我国对外国数学成就的吸收和引进，阿拉伯数字在我国才开始慢慢使用，至今才有100多年的历史。阿拉伯数字现在已成为人们学习、生活和交往中最常用的数字了。

印度人对世界文化的贡献

公元前3000年，印度河流域居民的数字就已经比较先进，并采用了十进位制的计算法。到吠陀时代（公元前1400—公元前543年），雅利安人已经意识到数码在生产活动和日常生活

↓印度传来的阿拉伯数字

中的作用，并创造了一些简单的、不完全的数字。后又经过发展变化，大约500年前才变成现在所使用的阿拉伯数字。当时数字的形体和现在的不同，经过几百年的演变，有些数字才和现在的相似。起初只有 9 个数字，并没有“0”。到了笈多时代（300—500年）才有了“0”，叫“舜若”，表示方式是一个黑点“●”，后来才渐渐变成“0”。这样，一套完整的数字便产生了。这就是古代印度人民对世界文化的巨大贡献。

印度数字的传播

印度数字首先传到斯里兰卡、缅甸、柬埔寨等国。七八世纪，地跨亚、非、欧三洲的阿拉伯帝国崛起，阿拉伯人如饥似渴地吸取古希腊、罗马、印度等国的先进文化，大量翻译其科学著作。771年，印度天文学家、旅行家毛卡访问阿拉伯帝国阿拔斯王朝（750—1258年）的首都巴格达，将随身携带的一部印度天文学著作《西德罕塔》献给了当时的哈里发曼苏尔（757—775年），曼苏尔令人翻译成阿拉伯文，取名为《信德欣德》。此书中有大量的数字，因此称“印度数字”，原意即为“从印度来的”。

阿拉伯数学家花拉子密和海伯什等首先接受了印度数字，并在天文表中运用。他们放弃了自己的28个字母。9世纪初，花拉子密发表《印度计数算法》，阐述了印度数字及应用方法。

被“遗忘”的印度数字

随后，印度数字取代了冗长笨拙的罗马数字。

1202年意大利雷俄那多所发行的《计算之书》，标志着欧洲使用印度数字的开始。该书共15章，开章说：“印度九个数字是：‘9、8、7、6、5、4、3、2、1’，用这九个数字及阿拉伯人称作siff（零）的记号‘0’，任何数都可以表示出来。” 14世纪时中国的印刷术传到欧洲，更加速了印度数字在欧洲的推广，使其逐渐为欧洲人所采用。西方人接受了经阿拉伯人传来的印度数字，但忘却了其创始者，而称之为阿拉伯数字。看似普通的阿拉伯数字，原来蕴藏着这么多的历史，凝结着人类祖先的智慧。

拓展阅读

罗马的计数只有“V”的数字，“X”的数字是两个“V”的组合，同一数字符号根据它与其他数字符号的位置关系，而具有不同的量值，这样就开始有了数字位置的概念。在数学上这个重要的贡献应归功于两河流域的古代居民，后来，古印度人在这个基础上加以改进，并发明了表示数字的1、2、3、4、5、6、7、8、9、0十个字符，这就成了我们今天计数的基础。

罗马数字——古文明的进步

举例来说，“I”（罗马数字1，英文中“我”的第一人称，拉丁字母i）的现代文化含义就是，“每个自我都是一”，与中国人说“天人合一”多少有点相似，这样的意思表示是顺畅的，能为我们所理解。

什么是罗马数字

罗马数字是一种应用较少的数量表示方式。它的产生晚于中国甲骨文中的数码，更晚于埃及人的十进位数字。但是，它的产生标志着一种古代文明的进步。大约在两千五百年前，罗马人还处在文化发展的初期，当时他们用手指作为计算工具。为了表示一、二、三、四个物体，就分别伸出一、二、三、四个手指；表示五个物体就伸出一只手；表示十个物体就伸出两只手。这种习惯人类一直沿用到今天。人们在交谈中，往往就是运用这样的手势来表示数字的。

古文明进步的开端

罗马人为了记录那些数字，便在羊皮上画出Ⅰ、Ⅱ、Ⅲ来代替手指数数；要表示一只手时，就仿照大拇指

↓用罗马数字表示的表盘

与食指张开的形状写成“V”形；表示两只手时，就画成“VV”形，后来又写成一只手向上，一只手向下的“X”，这就是罗马数字的雏形。

后来为了表示较大的数，罗马人用符号C表示一百。C是拉丁字“century”的头一个字母，century就是一百的意思。用符号M表示一千。M是拉丁字“mille”的头一个字母，mille就是一千的意思。取字母C的一半，成为符号L，表示五十。用字母D表示五百。若在数的上面画一横线，这个数就扩大一千倍。这样，罗马数字就有下面七个基本符号：

Ⅰ（1）、X（10）、C（100）、M（1000）、V（5）、L（50）、D（500）

罗马数字的意义

罗马数字与十进位数字的意义不同，它没有表示零的数字，与进位制无关。用罗马数字表示数的基本方法一般是把若干个罗马数字写成一列，它表示的数等于各个数字所表示的数相加的和。但是也有例外，当符号Ⅰ、X或C位于大数的后面时就作为加数；位于大数的前面就作为减数。例如：Ⅲ=3，Ⅳ=4，Ⅵ=6，XⅨ=19，XX=20，XLV=45，MCMXXC=1980。

罗马数字因书写复杂，所以现在的应用面很小。有的钟表用它表示时数；小说、文章的章节及科学分类时也有用罗马数字的。

罗马数字的文化意义

罗马数字是以现在普遍使用的拉丁字母来表示的，它和拉丁字母诞生在同一个区域，即现今的意大利，诞生的时间也相差无几，是在公元元年前后这段时间。所以，尽管罗马数字在现今世界并不流行，但是它的文化内涵却相当重要，原因就在于它是和拉丁字母同时同地产生的，是对拉丁字母一种侧面的社会反映。而拉丁字母组成了现今在英文和欧洲语言中使用最重要、最广泛的符号工具。

拓展阅读

一个当代人，只要掌握了罗马数字的表示法，就如同回到了拉丁字母诞生之初的意大利时代，回溯了拉丁字母流通于世界、构成现代世界最强大语种的全部过程，就是因为这种原始的数量表示和数量关系，它打破了时间、价值和比例的跨度和隔阂。这也许是罗马数字的创始者所始料不及的。

有趣的数字生命

人一生的时间，从摇篮到坟墓，大概有2475576亿秒。这个庞大数字，令人惊诧。然而对于宇宙来说，它不过如大海聚沫，刹那生灭。

梦境与时间

我们一生都在做梦，到了78.5岁时，我们编织的梦将有104390个。梦幻和记忆一样，给人的感觉是虚无缥缈的。但事实上，记忆和梦幻是我们所能拥有的最不朽的东西。

你一生吃掉的豆子

现代生活创造出了一些物美价廉而又方便的食品，如富含高蛋白的罐装豆子等。日啖黄豆300颗，我们一生要吃掉的豆子，大概就足以填满一个大浴缸。美中不足的是，豆子会引发令人尴尬的生理现象——放屁。不过，人孰无屁呢？平均下来，我们一天要放12次屁，释放气体总量约1－1.5升。如果有谁把每个屁都收集起来，然后点燃，将会看到一个体积达35815升的火球。

寿命与语言

现在人类的平均寿命达到78.5岁。这些年中，我们要撕去4239卷卫生纸。我们一生的粪便重量绝对令人晕眩——2865千克。考虑到我们摄入的食物超过50吨，此数也并不算大。这也表明，我们的身体的确是一部高效能的机器。

在全球范围内，平均每人一生认识的人为1700个。而且不论何时，你的社交圈里大概都会常有300个人与你“你来我往”。人类的语言极为丰富，每种语言平均拥有约2.5万个单词或者字。世界上单词量最多的语种是英语，超过50万个。我们一天要说4300个词语，一生可能用到的词汇总量是1232亿多个。

沐浴与时间

我们经常沐浴，如果我们用一只小鸭子来代表你洗过一次澡，那么这些小家伙的数量加起来将是7163只。洗这么多次澡，要使用将近100万升水。每次洗澡使用沐浴液时，都应该念叨一遍：其化学成分要用800年的时间才能完全溶解于水。为了塑造百变形象，我们必须拥有一个巨大的衣柜。为了洗衣服，每个人又要向水中注入570千克化学品。

你一生所消耗的

我们一生平均要用坏3.5台洗衣机、3.4台电冰箱、3.2台微波炉、4.8台电视机、15台电脑。制造一台个人电脑平均需要至少240千克石油和22千克化学品，再加上在生产过程中需要1.5吨水，因此你的台式电脑在出厂之前，所耗的原料就已经有一辆大型汽车那么重了。每个人一生都要制造40吨垃圾，可以把两个集装箱填得满满当当。

将“生命”放在家里

现在，我们无须走出大门，就能了解全世界。我们每天看电视的时间平均是148分钟，一年就是900小时，一生就是2944天。也就是说，我们要在这个盒子面前坐上整整8年。电视魅力巨大，但它并没有完全取代书本。一生中我们平均要读533本书。除了书，我们一生当中平均读到的报纸大概有2455份，总重量达到1.5吨。然而问题是，为了制成533本书和2455份报纸，我们需要砍掉24棵大树。

一般说来，我们一生平均会看314次病，而每次我们都会拿到一张处方。到了60岁，我们看病的次数将达到一年35次。我们一生吃下的药片大概有3万粒。

↓有趣的数字生命

数字中蕴涵的哲理

4+4等于8，2+6等于8，6+2也等于8，但有人却奇迹般地让2+6或6+2大于4+4，这是为什么呢？

世界著名大桥金门大桥

金门大桥是世界著名大桥之一，被誉为近代桥梁工程的一项奇迹，也被认为是旧金山的象征。

金门大桥的设计者是工程师施特劳斯，人们把他的铜像安放在桥畔，用以纪念他对美国做出的贡献。大桥雄峙于美国加利福尼亚州宽1900多米的金门海峡之上。金门海峡位于旧金山海湾入口处，两岸陡峻，航道水深，为1579年英国探险家弗朗西斯·德雷克发现，并由他命名。

金门大桥的算术题

金门大桥是“4+4”的8车道模式，但由于上下班的车流在不同时段出现两个半边分布不均匀的现象，所以桥上经常发生堵车问题。为了解决这一问题，美国当地政府决定在金门大桥旁边再建造一座大桥。一位年轻人得知这个消息后，向当地政府建议，不建大桥也能很好地解决桥上堵车问题。年轻人说，在桥面不增宽的情况下，可以在有限的8车道上做文章，完全可以让“8”大于“8”。

利用有限的资源

这位年轻人的妙计就是，把原来的“4+4”车道模式，按上下班的车流不同，改为“6+2”模式或“2+6”模式，也就是说，在上班或下班这个特殊的时段，车流拥挤的一边，扩展为6车道，而另一边则缩减为2车道，但整

个桥面的车道仍是8车道。

当地政府采纳了年轻人的建议，从此大桥堵车的问题很好地得到了解决。而就是这个金点子，为当地政府节约了再建大桥的上亿元资金。

看来，人生的最大资源，不是你开发了多少，而是你充分利用了多少。

拓展阅读

什么是西西弗斯串？也就是任取一个数，例如35962，数出这数中的偶数个数、奇数个数及所有数字的个数，就可得到2（2个偶数）、3（3个奇数）、5（总共五位数），用这3个数组成下一个数字串235。对235重复上述程序，就会得到1、2、3，将数串123再重复进行，仍得123。对这个程序和数的“宇宙”来说，123就是一个数字黑洞。

↓金门大桥的桥面就运用了数学知识

金字塔隐藏的秘密

墨西哥、希腊、苏丹等国都有金字塔，但名声最为显赫的是埃及的金字塔。埃及是世界上历史最悠久的文明古国之一。金字塔是古埃及文明的代表，是埃及国家的象征，是埃及人民的骄傲。

为什么叫它“金字塔”

金字塔，阿拉伯文意为“方锥体”，它是一种方底、尖顶的石砌建筑物，是古代埃及埋葬国王、王后或王室其他成员的陵墓。它既不是金子做的，也不是我们通常所见的宝塔形。由于它规模宏大，从四面看都呈等腰三角形，很像汉语中的“金”字，故中文形象地把它译为“金字塔”。埃及迄今发现的金字塔共约八十座，其中最大的是以高耸巍峨而名列古代世界七大奇迹之首的胡夫大金字塔。在1889年巴黎埃菲尔铁塔落成前的四千多年的漫长岁月中，胡夫大金字塔一直是世界上最高的建筑物。

在4000多年前生产工具落后的中古时代，埃及人是怎样采集、搬运数量如此之多，每块又如此之重的巨石垒成如此宏伟的大金字塔，真是十分难解的谜。

胡夫大金字塔的四边正对着东南西北四个方向。越来越多的天文学和数学业余爱好者根据文献资料中提供的数据对大金字塔进行乐此不疲的研究。经过一次次计算，人们发现胡夫大金字塔令人难以置信地包含着许多数学上的原理。

神奇的金字塔

有人对最大的金字塔——胡夫大金字塔测量和研究后，提出了许多蕴涵在大金字塔中的数字之谜。譬如延伸胡夫大金字塔底面正方形的纵平分线至无穷则为地球的子午线；穿过胡

夫大金字塔的子午线，正好把地球上的陆地和海洋分成均匀的两半，而且塔的重心正好坐落在各大陆引力的中心。

大金字塔塔高乘以109就等于地球与太阳之间的距离。大金字塔不仅包含着长度的单位，还包含着计算时间的单位：塔基的周长按照某种单位计算的数据恰为一年的天数；大金字塔在线条、角度等方面的误差几乎等于零，在107米的长度中，偏差不到0.006米。

大金字塔4个底边长之和，除以高度的两倍，即为3.14——圆周率。

大金字塔本身的重量乘上7×10^{15}恰好是地球的重量。

大金字塔的塔基正位于地球各大陆引力中心。大金字塔的尺寸与地球北半球的大小，在比例上极其相似。大金字塔的对角线之和，正好是25826.6这个奇怪的数字，在居塔顶高三分之一的地方是金字塔能量最强的地方。大金字塔高度的平方，约为21520米，而其侧面积为21481平方米，这两个数字几乎相等。

从大金字塔的方位来看，四个侧面分别朝向正东、正南、正西、正北，误差不超过0.5度。在朝向正北的塔的正面入口通路的延长线上，放一盆水代替镜子，那么北极星便可以映到水盆上面来。

↓金字塔隐藏着无数秘密

金字塔的数字巧合

让人感到吃惊的并不是胡夫金字塔的雄壮身姿，而是发生在胡夫金字塔上的数字“巧合”。科学家将14659万千米作为地球与太阳之间平均距离的一个天文度量单位。而胡夫金字塔的高度146.59米乘以十亿，其结果正好是14659万千米。这是巧合吗？很难说。因为胡夫金字塔的子午线，正好把地球上的陆地与海洋分成相等的两半。难道埃及人在远古时代就能够进行如此精确的天文与地理测量吗？

出乎人们意料之外的数字“巧合”还在不断地出现，早在拿破仑大军进入埃及的时候，法国人就对胡夫金字塔的顶点引出一条正北方向的延长线，那么尼罗河三角洲就被对等地分成两半。现在，人们可以将那条假想中的线再继续向北延伸到北极，就会看到延长线只偏离北极的极点6.5千米，要是考虑到北极极点的位置在不断地变动这一实际情况，可以想象，很可能在当年建造胡夫金字塔的时候，那条延长线正好与北极极点相重合。

谁给我们留下这个迷

有人说：“数字是可以任人摆布的东西，例如巴黎埃菲尔铁塔的高度为299.92米，与光速299776000米/秒相比，前者正好是后者的百万分之一，而误差仅仅为千分之0.5。可这一切难道仅仅是巧合吗？还是人们对于光速已经有所了解呢？如果不是为了显示设计者与建造者的智慧，也就无需在1889年以修建铁塔的方式来展示这一对比关系吧。”

除了这些数字以外，胡夫金字塔的底部面积如果除以其高度的两倍，得到的商为3.14159，这就是圆周率，它的精确度远远超过希腊人算出的圆周率3.1428，与中国的祖冲之算出的圆周率在3.1415926—3.1415927之间相比，几乎是完全一致的。同时，胡夫金字塔内部的直角三角形厅室，各边之比为3∶4∶5，体现了勾股定理的数值。此外，胡夫金字塔的总重量约为6000万吨，如果乘以10的15次方，正好是地球的重量！

所有这一切，都合情合理地表明这些数字的“巧合”其实并非是偶然的，这种数字与建筑之间完美地结合在一起的金字塔现象，也许有可能是古代埃及人智慧的结晶。

拓展阅读

无论如何，胡夫金字塔的奇异之处，早已超出了地球上人们的想象力。这样，以胡夫金字塔为典型的大金字塔现象，对于地球人来说，也许始终是一个难解之谜。

数字照妖镜“666”

《西游记》第六十一回记叙了这么一件事：“哪吒取出火轮儿挂在那老牛的角上，便吹真火，焰焰烘烘，把牛王烧得张狂哮吼，摇头摆尾。才要变化脱身，又被托塔天王将照妖镜照住本相，动弹不得，无计逃生。”

神秘数字照妖镜

照妖镜是《西游记》等神怪小说里多次提到的一种宝镜，用来照妖的。不管妖精变化成什么模样，照妖镜一照，立马现了原形。凡是被照住本相的妖，即使是牛魔王级别的，也是“动弹不得，无计逃生”，丧失了行动变化能力。有趣的是，在数学里面，也确实有一面照妖镜，那就是66666……67，这个数字是漫无止境的，前面你可以随便添加多少个6，不过最后一位数一定得是7。

神奇的“算命”

假定有一个数字妖精隐藏了原形，它是一个多位数，但我们不知道它是谁。为了便于说明，我们不妨假定它是一个四位数。现在，用来乘以6667，不用完全透露出它的结果——当然了，要是知道了乘积，拿它来除以6667不就知道是多少了吗？我们不用知道这个数和6667相乘的积，只需要知道它的四位尾巴就行了，然后就可以告诉你这个数是多少。

这个也未免太神奇了吧？有点像算命呢。一点也不假，只需要这4位尾巴，我们就可以让它现出原形，把它暴露在光天化日之下。

随便用一个数字来加以说明，例如乘积的尾巴是5632，在得知此数后，只要把它乘以3，再截取后4位，即可以知道，原数必然是6896。

诞生在印度的“0”

在人类古代文明进程中，数字“0”的发明无疑具有划时代的意义。有了“0”，不仅使计位数字的表达简洁明了，使得数学运算简便易行，而且从“0”的概念出发，发展出逼近零的无穷小数从而产生导数，进而产生微分和积分。可以毫不夸张地说，“0”是数字中最重要和最具有意义的数。没有“0”，便没有现代数学，也就没有在此基础之上建立的现代科学。

最有意义的“0”

数字“0”是印度人发明的。有意思的是，与印度有过同样辉煌灿烂历史的其他文明古国，如古希腊、古埃及、古代中国，以至于古代玛雅文化都与“0”失之交臂。这是历史的偶然还是必然？在回答这个问题之前，有必要了解一下古代人的计数方法。

各种各样的计数法

中国古代在记数中是没有“0”的。中国文化很早就产生了“空位”的概念，例如八卦中用“—”和空位表示“有”和“无”，即1和0，用以计数1到64。在这一表示中，没有“0”的符号，也没有运算的关系。之后，古代中国人发明了一种“算筹计数法”，对此《孙子算经》中编有押韵的顺口溜：“凡算之法，先识其位。一纵十横，百立千僵，千十相望，万百相当。”前两句说明数位在计数中的重要意义，后四句则指明了摆放算筹时的一般规则：个位数用纵式，十位数用横式，百位用纵式，千位用横式，万位用纵式，依此类推，交替使用纵横两式。遇到空位，算筹记法的解决方式是不放算筹，成为空档。

“0”的发展

在印度人发明“0”又过了600多

年后，到了11世纪，经阿拉伯商人作中转，变成了“阿拉伯数字”，才迁移到了西方。

“0”的孕育时间是如此漫长，被人们接受又是如此费尽周折。显然，“0”这一符号孕育着人类思想的巨大变革，是人类文化的一次认识飞跃。它必然与当时的印度文化紧密关联，是印度文化的结晶。

到了1202年，意大利出版了一本重要的数学书籍叫《计算之书》，书中广泛使用了由阿拉伯人改进的印度数字，它标志着新数字在欧洲使用的开始。这本书共分十五章，在第一章开头就写道：“印度的九个数字是9、8、7、6、5、4、3、2、1，用这九个数字以及阿拉伯人叫作‘0’的记号，任何数都可以表示出来。”

由此我们可以看出，“0”是从“位值制”计数中产生出来的，是用来代替空位的符号。不过，印度人发明的符号“0”要晚于其他的九个数字符号，而且这一晚就是500多年！

古代印度人不仅发明了零，而

↓诞生在印度的“0”

拓展阅读

对于“0”的发明，现代也有不同的说法。一说是古巴比伦人最早使用过。在公元前6世纪至公元前3世纪，古巴比伦人用某种印在湿黏土上的楔形符号来记述“空位”，表示“某位什么也没有”。这种早期的象形文字具有表意和指意的性质，因笔画呈楔形而得名。大概这种说法只有考古学的意义，历史上这个楔形符号并没有流传开，刚刚浮出水面就被淹没在了历史的浩渺之中。

且赋予了“无”存在的意义；与此同时，印度教对“有”添加了“虚无”色彩，比如重来世而轻今生，相信因果轮回，将现世赋以虚值。从中，我们或许可以感觉到，零的发明似乎注定在古代的印度文明而不是其他古代人类文明之中。

“0”与印度文化

英国自然史学家李约瑟博士推测到，印度文化中的“虚空”概念是产生“0”的思想基础。印度人发明的“0”，并不完全等同于作为数字间的空位，而是作为在正数和负数之间的真实存在。“0”不是没有，而是真真切切的“有”——虚空！这真让人费解，的确，理解真实存在的“没有”要比理解填补空位的符号困难得多。

↓“0”与印度文化渊源颇深

神秘数字“5”

“5”的神秘，我们已有领会。5根手指，五角星，一般的花有5瓣，人有五官五脏。为什么不是其他的数字，而是“5”呢？

神秘的“5”

“5”，还是数字的循环期限，如果现在你有空，不妨按照下面的规则做一遍。任取两数，如π和32，称π为第一数，32为第二数；将第二数加1除以第一数，结果作为第三数；将第三数加1除以第二数，结果作为第四数……如此循环下去。也许你会觉得枯燥，但是当你算到第五步也就是第六个数出现时，你会惊奇地发现计算器上显示的数就是π！π又回来了！（由于计算器只显示8位数，所以会有误差），这是为何？为何又只需5步？

玄机还是妙算

其实没有什么玄妙，用一般的代数方法就可以证明，只是不多不少，刚好是5步！由此我们可以这样说，在这样的运算中，“5”是数字循环的周期，第一数与第六数相等，第二数与第七数相等……

在代数里，一元一次方程，二次、三次方程，都可以用系数来表达解，而刚好五次方程就不能表示。

5平方后，尾数是5，不管5的多少次方，尾数都是5，据此推下去，就是一个非常重要的数——尾数的出现，他直接导致这样的结果：方程X^2=X有4个解！

“5”的多面性

在象征天地之气的洛河图里，“5”在中心，足见“5”是一个支配天地之气的数字。

中国自古就有“6”是阴数，

“9”是阳数之说，而6=5+1，9=5+3+1，是否说明5是代表阴阳平衡的数字呢？

在几何里，有且只有5种多面体。

在地图上，不可能有五块连续区域两两相邻，这就是著名的四色定理。

神奇的五角星

五角星形的起源甚早，现在发现最早的五角星形图案是在幼发拉底河下游马鲁克地方（现属伊拉克）发现的一块公元前3200年左右制成的泥版上。古希腊的毕达哥拉斯学派用五角星形作为他们的徽章或标志，称之为“健康”。

拓展阅读

五角星形是一种很耐人寻味的图案，世界许多国家国旗上的“星”都画成五角形。现今有将近40个国家（如中国、美国、朝鲜、土耳其、古巴等国）的国旗上有五角星。为什么是五角而不是其他数目的角？也许是古代留下来的习惯。

↓数字“5”

上帝的幸运数“7”

在自然数中，“7”也是一个特殊、有趣的数字。生活中很多东西都和“7”有着密切的联系，每项和“7”有关的事物都让人觉得神奇：人有“七窍”、太阳光由七种颜色组成、每周有七天、女性的生理期也一般为七天、算盘设有七粒珠子、简谱有七个音符、水的pH是7（中性值）、七绝韵律诗、古老的七月初七节、瓢虫背上有七点、北斗有七星、地球陆地分七大洲、世界七大奇迹，甚至童话故事里有七个小矮人、神话中有七仙女……

自然界里的“7”

如果用三棱镜对着阳光，那阳光将折射出赤橙黄绿青蓝紫七彩；跨越天际的彩虹也是这七种颜色。七种颜色，构成整个世界的所有景色。

我们目前还不太清楚自然界有没有七足动物，但却肯定有七叶植物。不过，这些七叶植物必须是有头叶、有首领叶的植物，才可以有7、9、11等奇数叶。在黄河流域和北京、江浙均栽植有七叶树，两广、贵州等地盛产七叶莲。这种七叶植物的大量存在，说明“7”在数学上虽不对称，但在生物界却是首叶居中、两两成行，而且枝繁叶茂的奇数叶，恰恰和人类“有头叶、有首领叶”才有社会的合理结构相似。

星空的北斗星由七颗星组成，仰望“斗转星移”，按北斗星的指示还能看见永远悬在正北方的北极星。

七大洲

学过地理知识的人都知道，地球上有七大洲四大洋，并且他们原来是并在一起的，后来因为地壳运动，慢慢分裂成七块。如果仔细看看世界地图，就会发现南美洲的东海岸与非洲的西海岸是彼此吻合的，好像是一块大陆分裂后，两边的陆地越漂越远。奥地利人魏格纳在1915年出版的《海陆的起源》一书中提出了大陆漂移学说，用科学来解

↑上帝的幸运数“7”

释这个现象。他认为，全世界实际上只有一块大陆，称泛大陆。由于地下结构层次较轻，就像大冰山浮在水面上一样，又因为地球由西向东自转，南、北美洲相对非洲大陆是后退的，而印度和澳大利亚又是向东漂移。经过漫长时间的演化，形成了现在的七大洲四大洋。至于为什么会正好分成七个大洲呢？也许只是巧合吧。

科学世界里的“7”

在数学世界里，“7”只是一个自然数，在计数上没什么特别之处。然而在运算上“7”却是一个脾气古怪、神秘特异、不对称、不可约、不可分解的素数。素数就是只能被1和自已除尽的整数。1、2、3、5、7都是素数，但1的倒数是1，2的倒数是 1.5，5的倒数是 0.2，其他数字的倒数是普通的小数，唯独7的倒数是“在圆环内转圆”的无限循环小数。

再把“7”放到音乐世界里，它瞬间就变成了艺术之神。“哆、来、咪、发、梭、拉、西”七个音符组成了一个奇妙的音乐世界。

再看看化学里的“7”。pH是化学上用以衡量液体酸碱性比值的表示符号。pH大于7，物质呈碱性；pH小于7，物质呈酸性；唯有 pH等于7时，物质才呈现中性。因此，7是酸碱度的中点，又是人们追求的标准数，获得7这一数字，食物不酸不碱，美味可口。也可以说，7表达了大自然中事物的适度与恰如其分，是大自然的中庸之道。

在心理学中，“7”是一个被学者称为是“不可思议”的数字，多数人的短时记忆容量最多只有7个，超过了7个，就会发生遗忘，因此多数人都把记忆内容归在七个单位之内。

佛教也偏爱“7”

更让人觉得有趣的是，佛教对“7”这个数字也十分偏爱。我们常说“救人一命胜造七级浮屠”，这里面浮屠是梵语Stupa的略音，即佛塔。这塔原来是用来埋葬圣贤的身骨或藏佛经的，造塔的功德很大。但是为什么这浮屠要说“七级”，而不说“六级”、“八级”呢？确实难以说得清楚。

人们常说七是一个轮回。想想的确如此：一周七天、世界有七大洲、古时人死后每七天为一祭，直到七七四十九天之后算完毕……“7”果然是个让人叹服的神秘数字。

神奇的数字“9”

把一个大数的各位数字相加得到一个和；再把这个和的各位数字相加又得到一个和；这样继续下去，直到最后的数字之和是个一位数为止。最后这个数称为最初那个数的“数字根”。而这个数字根恰等于原数除以9的余数。这个计算过程，常常称为“弃九法”。

生日与数字“9”的秘密

一个人的生日是20011010，随便颠倒顺序01011002，用前一个数字减去后面的数字得（数值大的减去小的）19000008，1+9+8=18，1+8=9。同样用别的生日做例子，得到的数总是9。这是为什么呢？一个数的各位和能被9整除，那这个数就能被9整除，所以一个数能被9整除的话，不管它的各位相加多少次，都一定能被9整除。举个例子，比如一个好多位相加之后的和为54，则这个数一定能被9整除。因为它一直被9整除，所以加到最后一定是9。生日数是8位数，换位后还是那几个数字。所以相减后，你可以直接把各个位分开相减，就为0了。能被9整除。所以相加到最后一定是9。

名人与数字“9”

爱因斯坦出生在1879年3月14日。把这些数字连在一起，就成了1879314。重新排列这些数字，任意构成一个不同的数，在这两个数中，用大的减去小的，得到一个差数。把差数的各个数字加起来，如果是二位数，就再把它的两个数字加起来，最后的结果是9。

哥白尼的生日是1473年2月19日，牛顿的生日是1642年12月25日，高斯出生于1777年4月30日，居里夫人出生于1867年11月7日，只要按照上面的方法去计算，最后一定都得到9。实际上，把任何人的生日写出来，做同样的计算，最后得到的都是9。

无处不在的“12”

数字“12”是“13”的“弟弟”。但由于“哥哥”13的名声不太好，被西方人视为一个不吉利的数字，连出门、远行、会客、门牌号码等等都尽可能避开13这个数字。但也有例外，当有人让你选择每小时工资是12元还是13元时，想必不会选12而选13，尽管这是个不吉利的数字。

数字“13”的弟弟

“12”的命运远比其“哥哥”“13”好。人类自有能力数数以来，就一直相信某些数字拥有控制人，或者说是决定其命运的神力。“12”就是其中一个既重要又奇妙，既吉利又神秘的数字。

重要而奇妙的“12”

不知道大家是否发现，在我们生活中，“12”这个数字随处可见，人们须臾也离不开它。

钟表是以12小时计算的，一天分为两个12小时，一个小时分为5个12分钟，一分钟分为5个12秒钟。

一年365天，被分为12个月。为什么要如此划分?这是因为一年中有12次满月或圆月。此外，中国人还有12生肖，鼠、牛、虎、兔、龙、蛇、马、羊、猴、鸡、狗、猪，每年一属，12年一个轮回，真是奇妙无比。

更奇妙的是，古希腊人对12的用法另有一套。他们认为12是3与4相乘的结果，由此引申出人类的三种个性，即面对不同情况的三种基本反应方式：一种人的反应方式是积极的；另一种人则相反，毫无反应，平静异常；第三种人反应一般。

无处不在的“12”

现代天文学为了研究星空的需要，把整个宇宙的星空划分为88个区域，即星座。我国古代则称之为星

宿。而在中世纪以前，人类将星空只分为12星座，用12种动物命名之。法国15世纪一个公爵的计时本就是一个证明。

在数学三维理论中，12被称为“吻数”。所谓“吻数”，就是“可以相吻之数”：12个球体包围一个球体的话，中间的这个球体可以为周围的12个球体中的每一个触及。多一个就不行。

在化学中，碳是最基本的元素之一。在化学元素周期表中，碳的原子量为12。难道这仅仅是巧合，并无什么暗示吗?也许是因为碳有6个质子和6个电子。由碳生成了三个对人类异常重要的变体：煤炭、石墨和钻石。

由此可见，“12”这个数字涉及各个科学领域，与人类的生活息息相关。在所有的数字中，有谁能同它“争奇斗艳”？

吉利而神秘的“12”

有人开玩笑说，“13”这个数字不吉利，是因为它“独断独行”，只能为1和13本身除尽；而12这个数字最为“大度慷慨”，除了1和12可以将它除尽之外，它还可以为2、3、4、6四个数字相分，所以它是个吉利之数。

在希腊神话中，幸运之神朱庇特绕太阳一周需要12年。于是，有人就将12看成吉利幸运之数，因为他们相信，每隔12年，朱庇特会给他们带来运气。而希腊历史学家希罗多德研究后发现：古希腊人在小亚细亚建造了12座城池，此后再也不肯建造了，因为他们认为12这个数字是神圣的，是不可超越的。

“12”到底藏着什么秘密

在《圣经·旧约》中，12更是一个被广泛应用的、充满神秘的数字：古老的以色列人——希伯来人雅各布（亚伯拉罕之孙）有12个儿子，他们后来成为以色列12个氏族的祖先；以色列军事首脑约稣亚在约旦建造了12座墓碑；萨罗莫（以色列和犹太人的国王，公元前965—公元前926年）的洗礼盒上有12只铜牛；高级牧师胸前挂着嵌有12颗宝石、能保佑人的胸牌。他们为什么会特别钟情于12这个数字呢?

同样，在《圣经·新约》中，12这个数字也频繁出现：耶稣有12个门徒；神圣的耶路撒冷有12扇大门，它们建在12块基石上，上面刻有12个信徒的12个名字；在耶路撒冷，每次朝拜耶稣的人数只允许12×12=144人。

“12”如此受到青睐，除了它是个吉利数字之外，难道真的就没有别的奥秘吗？然而，迄今为止，还真没有人能探出究竟。

“13”是凶还是吉

唐末李克用有义子13人，官皆太保，时称“十三太保”。熟知《隋唐演义》的人也知道，唐王李世民的大将秦琼曾做过杨林的十三太保。在古代中国，“13”是一个吉利数字，汉武帝设13刺史部；元明朝有13布政司；清顺治年间设13衙门。

“13”在中国

中南海内的丰泽园，原来是皇帝的亲耕之处，其面积正有一亩三分。以至于今天，我们还有“各人种好自己的一亩三分地”的说法。将相的府第门前总要摆上一对铜狮子或石狮子，这狮子可不是随便摆的。雄狮居右，左爪下踏着一个球，俗称“狮子滚绣球”，象征着统一天下和王权的至高无上；雌狮的右爪下踏的是一只小狮子，俗称“少师太保”，象征着子嗣昌盛、继往开来。狮子头上的“疙瘩”是最讲究的：一品官员府前的狮子，头上有13个疙瘩，俗称“十三太保”，每降低一级官品，狮子的头上就会减少一个疙瘩。七品以下的官员是没有资格在门前摆放狮子的。

从地理建筑方面来看，杭州的六和塔和西藏拉萨的布达拉宫，都采用13层的建筑结构，山东曲阜县孔庙有十三碑亭，北京至今尚有明十三陵。

相传大禹治水历时13年，忙得三过家门而不入。苗族的神话《枫木歌》中说，苗族的远祖姜炎是蝴蝶生下的13个蛋孵化而出的，因此苗族每隔13年都举行一次大祭祖（史称“吃牯脏”），来祭祀姜炎和蝴蝶。

在戏曲界，有“同光十三绝”，指清朝同治、光绪年间十三位著名昆曲京剧演员。儒家也有经典《十三经》等。

“13”在别处

在西方，有相当多的人认为13是

一个不吉利的数，因而在大多场合都尽量避开这个数，有些西方国家至今不用13作为门牌号。美国宇航局也一直避免用13这个数字去命名任何航天器。1970年4月13日，美国“阿波罗13号”飞船前往月球途中，服务舱2号液氧箱发生爆炸，导致登月任务立即取消。3名宇航员乘坐受损的飞船九死一生返回了地球。

那么，西方国家为何会忌讳“13”呢？有三种说法。

西方国家忌讳“13”的来源

一种说法是原始人只会用十个手指和两只脚计数，因此只能数到12，13便是未知的可怕数字。

第二种说法来自挪威神话传说，天国有12位神，为祭祀阵亡将士的英灵举行了一次宴会。没想到来了一位不速之客凶神罗基（第13位神），他杀害了最高神奥丁之子——光神鲍尔德，众神由此而消沉，“13”也因此变成邪恶之数。

第三种说法，也是最广为人知的。《圣经》上说，耶稣和他的12门徒(共13人)共进晚餐时说：“同我吃饭的人用脚踢我。”暗指叛徒犹大会出卖他。第二天，耶稣被捕并被钉在十字架上。为此，“13”永远负上不吉利之名。

拓展阅读

其实，在整数的研究方面，“13”曾起过重要作用，它导致了商高数值的全部解。另外，它还导致“回文数值”的研究。作为科学研究，我们对“13”大可不用避讳，但在国际文化交流上，我们还是应该尊重别国对有关“13”的风俗习惯。

↓耶稣与他的12个门徒共进晚餐

神奇的世界

第三章

一个都不能少——符号、单位

在公元前8000年至公元前3500年间，苏美尔人发明了使用黏土保留数字信息。他们的做法是将各种形状的小的黏土记号像珠子一样串在一起。从大约公元前3500年开始，黏土记号逐渐被数字符号取代。这些数字符号是使用圆的笔针刻在黏土块上，然后烧制而成的。大约公元前3100年，数字符号与被计数的事物分离，成为抽象的符号。

度量衡——中国古代计量史

我国最早的货币是贝，即一种海生的贝壳。贝是以“朋”为单位，一朋就是一串，后来由于交换的发展，天然海贝来源不足，人们开始使用仿翻的石贝、骨贝。继而用铜来铸造，造的样子也模仿贝，叫仿铜贝。铜贝当然不能再以朋为单位，而以“寽”为单位。“寽”是重量单位，因为铜贝是金属货币。

度量衡和计时的传说

中国古代以度量衡和时间为主要内容的计量技术，有着悠久的历史，早在父系氏族社会，度量衡和计时已是农业文明的基础。传说在黄帝时代已发明了以干支记日、月，继而尧命舜、禹二人参照日、月、星辰定历法。舜前往东方进行巡视，在部落联盟议事，商讨把四时之气节、日之大小、日之甲乙、度量衡的齐同、乐律声音的高低都统一起来。禹开始治理水患，划分九州，“身为度，称以出”，以人体为基准建立度量衡标准。

虽然上述小故事都是后人传说，却真实地反映了先民们的自然哲学观念。

秦始皇大一统功不可没

计量制度的建立，单位标准的确立虽然都是人为的，但必须具有权威

↓现代常见的度量衡

性。公元前221年，秦始皇下诏书统一全国度量衡，又将诏书加刻在量器的底部。一件量器所刻铭文，向后人讲述了秦国几百年的历史，它的重要意义远远超过了器物本身。秦始皇统一度量衡几乎是世人有口皆碑的历史功绩。秦权、秦量出土地域之广、数量之多，令人惊叹。据粗略统计，出土地域囊括了被统一的每一个诸侯国旧地，数量多达百余件。这些都展示了秦始皇统一度量衡的决心和雄才大略。

后经汉代的改进、完善，成文于典籍而被历代遵循，奉为圭臬。此后每经改朝换代，都要探究古制之本，以确定当朝度量衡和计时单位标准。历代流传下来的度量器物不断被发现，其传承关系明确便是有力的证明。直至清朝，无论是度量衡还是计时制度，都是秦汉古制的沿袭。今天陈列在北京故宫博物院太和殿前的鎏金铜嘉量和晷就是有力的物证。

传承古代科学文明的光辉

古人认识到“悬羽与炭而知燥湿之气”，用“燥故炭轻，湿故炭重”的原理测量湿度。在掌握度量衡技术方面，对自然规律有深入的了解。中国古代计量技术，在历代史籍中都有记录。研究者根据文献记载，对照所能见到的器物，考释其铭文，测量其实际数值，模拟、复现其计量功能，使尘封的古老科技重现光彩。

中华悠久的文明史流传下来大量的珍贵文物，其中有许多与计量有关的器物和文字资料，记录和讲述了一个个生动而有价值的故事。如考古学家曾统计过，在100多座春秋战国时期楚国的墓葬中，出土了数量不等的天平、砝码，它们是用来称量可切割的黄金货币的。千百年来，我们的祖先们不断进行计量测试实践活动，在认识自然、改造自然中积累了丰富的知识和经验，留下了弥足珍贵的度量衡文物。在中国灿烂的古代科学文明中，谱写下光辉的一页。

知识外延

西汉末年，律历学家刘歆用积黍和黄钟律管互相参校，定出长度、容量、重量的单位标准量。这种利用音频原理和黍的容重特性，使度量衡三个量之间建立起参数关系，在一定条件下是合理的。又如史书记：“黄金方寸，而重一斤”，“水一升，冬重十三两”，这些参数关系都是科学的。古时检定度量衡器具十分强调时令，都选择春分秋分时节进行，因为这时“昼夜均而寒暑平”，气温适中，昼夜温差小，校正度量衡器具不会受温度变化的影响。

祖冲之与计量单位

祖冲之一生的科学工作，大都与计量有关。他有着丰富的计量实践。在给宋孝武帝所上请求颁行《大明历》的表中，他曾经提到，在治历实践中，他常常“亲量圭尺，躬察仪漏，目尽毫厘，心穷筹策”，自己动手进行测量和推算。测量离不开择定基准、核对尺度，测量本身不可避免还会涉及精度问题，这都与计量单位有关。对这些问题的重视，使他很自然地步入了计量科学领域。

祖冲之对测量精度和尺度标准的重视

精度问题是促进计量进步的重要因素，祖冲之对其十分重视。他曾经指出：“数各有分，分之为体，非细不密。”所谓“细”，即是指测量数据的精度要高，他认为，只有高精度的测量，才能使测量结果与实际吻合。他不但在理论上高度重视精度问题，而且在实践中身体力行，努力追求尽可能高的测量精度。他自称在测量和处理各类数据时的指导思想是“深惜毫厘，以全求妙之准；不辞积累，以成永定之制”。他在测量实践中的“目尽毫厘”，在推算圆周率时精确到小数点后7位，就是其重视精度的具体表现。正是这种重视，使他在计量科学领域取得了令人景仰的成就。

西晋荀勖考订音律

在对计量基准的择定方面，祖冲之特别重视前代计量标准器的保存和传递，这便是西晋荀勖考订音律的成果。

荀勖考订音律的事情发生在西晋初期。晋朝立国之后，在礼乐方面沿用的是曹魏时期杜夔所定的音律制度。但是，杜夔所定的音律并不准确，晋武帝泰始九年（公元273年），荀勖在考校音乐时，发现了这一问

题，于是受晋武帝指派，做了考订音律的工作。荀勖通过考订音律，检得古尺短世所用四分有余，并制作了新的标准尺，并对之做了一系列的测试。测试结果表明，他的新尺符合古制，制作是成功的。

荀勖律尺的制作成功，在当时影响很大，著名学者裴頠上言：“宜改诸度量。若未能悉革，可先改太医权衡。此若差违，遂失神农、岐伯之正。药物轻重，分两乖互，所可伤夭，为害尤深。”卒不能用。

裴頠的建议未被采纳，荀勖律尺就只能限于宫廷内部考订音律时使用。

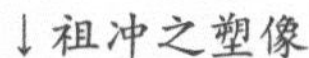

↓祖冲之塑像

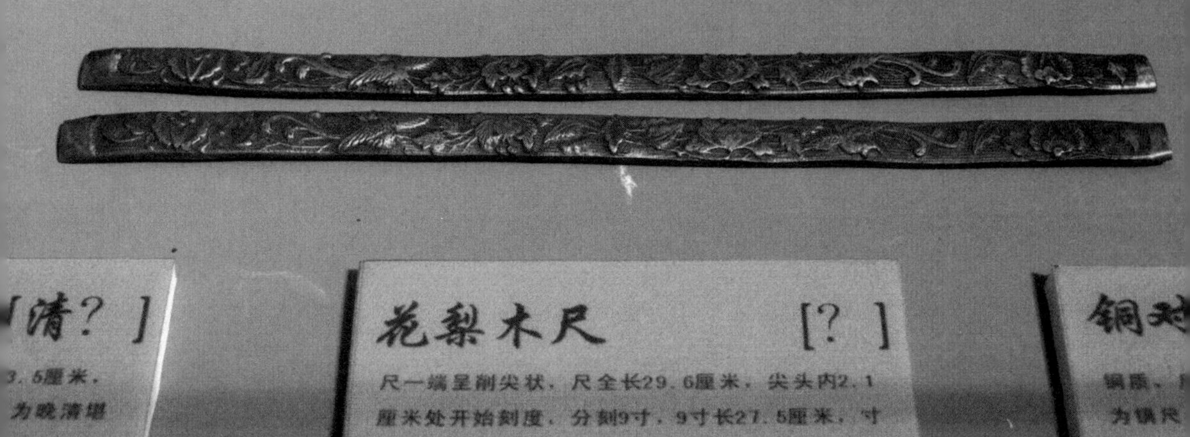

↑度量衡铜对尺

极为重视计量单位

祖冲之能搜罗到荀勖律尺，殊为不易。因为荀勖律尺只是用来调音律，并未落于民间，不可能在社会上流传，一般人是难以觅其踪迹的。而在宫廷中保存，也同样难逃厄运。西晋末年，战乱大起，京城洛阳被石勒占领，晋朝皇室匆忙南迁，各种礼器，尽归石勒，以至于东晋立国之时，礼乐用器一无所有。这种状况直到东晋末年，也未得到彻底改善。在这种情况下，荀勖律尺的命运，也好不到哪里去。而从西晋灭亡到祖冲之的时代，时间又过去了100多年，因此，祖冲之要搜寻荀勖律尺，难度可想而知。但祖冲之最终还是找到了该尺，并把它传给了后人，这样，李淳风才能以之为据考订历代尺度。这件事情本身表明，祖冲之对尺度的标准器问题是非常重视的。

拓展阅读

《晋书》中介绍了荀勖制定律尺的过程。通过对祖冲之所传铜尺上的铭文研读，李淳风断定它就是荀勖所发明的律尺，并以之为标准，对前代诸多尺度做了校核。就铭文而言，该尺是荀勖律尺，断无可疑，但又怎么判定为祖冲之所传呢？李淳风的依据是梁武帝《钟律纬》的记载。梁朝上承南齐，祖冲之晚年是南齐重臣，他去世两年梁武帝即位，所以梁武帝对他的记述应该是可靠的，看来确实是祖冲之所传。

调皮的数学符号

一套完整的计数符号出现的意义，从简单来说是让我们的祖先从只有“1”“2”少数几个数字的概念，扩展到今天大家能掌握成千上万个数。说复杂点儿，数学符号的出现，对进行数学概念和规律方面的研究都起到了很好的帮助作用。

什么是文章数学

数学符号的产生，为数学科学的发展提供了有利的条件。首先，提高了计算效率。古时候，由于缺少必要的数学符号，提出一个数学问题和解决这个问题的过程，只有用语言文字叙述，就像做一篇短文，难怪有人把它称为“文章数学”。

数学符号的由来和作用

“文章数学”这种表达形式很不方便，严重阻碍了数学科学的发展。当数量、图形之间的关系能够用适当的数学符号表达后，人们就可以在这个基础上，根据自己的需要，深入进行推理和计算，因而能更迅速地得到问题的解答或发现新的规律。其次，数学符号缩短了学习的时间。初等数学发展到今天，已有两千多年的历史，内容非常丰富，而其中主要的内容今天能够在小学和中学阶段学完，这里数学符号是起到一定作用的。例如，我们的祖先开始只有“1”“2”少数几个数字的概念，而今天幼儿园的小朋友就能掌握几十个这样的数。分析原因，除了古今生活条件不同，人们的见识差别极大以外，主要是由于今天已有一套完整的计数符号，人们容易掌握。第三，数学符号推动了深入的数学研究。我们研究数学概念和规律，不仅需要简明、确切地表达它们，而且对它们内部复杂的关系，需要深入地加以探讨，没有数学符号的帮助，进行这样的研究是十分困难的。

↑简单的加减法

酒桶上的加减号

加号曾经有好几种表示方式，现在通用“+”号。“+”号是由拉丁文“et”（“和”的意思）演变而来的。16世纪，意大利科学家塔塔里亚用意大利文“più”（加的意思）的第一个字母表示加，草为“μ”，最后都变成了“+”号。

“—”号是从拉丁文“minus”（“减”的意思）演变来的，简写为m，再省略掉字母，就成了“—”了。

也有人说，当时卖酒的商人为了知道酒桶里到底卖掉了多少酒，就用“—”表示。当把新酒灌入大桶的时候，就在“—”上加一竖，意思是又在里面添加了酒。这样“—”就成了个“+”号。

到了15世纪，德国数学家魏德美正式确定：“+”表示加号，“—”表示减号。

历经改变的乘除

乘号曾经用过十几种，现在通用两种。一个是“×”，最早是英国数学家奥屈特1631年提出的；一个是“·”，最早是英国数学家赫锐奥特首创的。德国数学家莱布尼茨认为：“×”号像拉丁字母“X”，所以加以反对，而赞成用“·”号。他自己还提出用“п”表示相乘。可是这个符号现在被应用到集合论中去了。

到了18世纪，美国数学家欧德莱确定，“×”作为乘号。他认为“×”是“+”斜起来写，是另一种表示增加的符号。

“÷”号最初并不表示除，而作为减号在欧洲大陆长期流行。18世纪时，瑞士人哈纳在他所著的《代数学》里最先提到了除号，它的含义是表示分解的意思，“用一根横线把两个圆点分开来，表示分成几份的意思。”至此，“÷”作为除号的身份才被正式承认。

变来变去的等号

16世纪时，法国数学家维叶特用“=”表示两个量的差别。可是英国牛津大学数学、修辞学教授列科尔德觉得，用两条平行而又相等的直线来表示两数相等是最合适不过的了。

于是“=”就从1540年开始用来表示等于。1591年，法国数学家韦达在菱形中大量使用这个符号，才逐渐为人们接受，17世纪德国莱布尼茨广泛使用了“=”号，他还在几何学中用“∽”表示相似，用“≌”表示全等。

其他符号

大于号“〉”和小于号“〈”，是1631年英国著名代数学家赫锐奥特创立的。至于“≯”“≮”“≠”这三个符号的出现，是很久以后的事了。大括号“{ }”和中括号“[ ]”由代数创始人之一魏治德所创造。

“$\sqrt{}$”的来历

平方根号曾经用拉丁文“Radix”（根）的首尾两个字母合并起来表示。

最早用“$\sqrt{}$”表示根号的，是法国数学家笛卡尔。17世纪，笛卡尔在他的著作《几何学》一书中首先用了这种数学符号。

“$\sqrt{}$”这个符号表示两层意思：左边部分“√”是由拉丁字母“r”演变而来的，它表示“root”即“方根”的意思；右上部的一条横线，正如我们已经习惯的表示括号的意思，也就是对它所括的数求方根。正因为“$\sqrt{}$”既表示方根，又表示括号，所以凡在运算中遇到“$\sqrt{}$”，必须先做括号内的算式，然后再做其他运算。也就是说先要做根号内运算。

拓展阅读

数学符号不仅随着数学发展的需要而产生，而且也随着数学理论的发展不断完善。比如，古代各民族都有自己的计数符号，但在长期使用过程中，印度—阿拉伯数码计数方法显示出更多的优点，因而其他的数码符号逐渐被淘汰，国际上都采用了这种计数方法。

小数点的大用场

不论多大的数目，以十进位法的计数方式，都只需要0到9的十个数字，便能够轻易地表达出来。那么，为什么还要有小数点呢？因为将整数放大2倍、5倍、10倍……所得到的数字都还是整数，但如果把整数分割成1/2、1/5、1/10……所得到的数字就不一定是整数了，只得再创造出小数以补不足。因为小数也是用0到9的十个数字表示，所以必须另外用个符号，也就是小数点符号，来标识小数跟整数部分，以方便区别。

中国人最早应用小数

小数中间的圆点“.”叫作小数点。在小数左边的是整数部分，在小数右边的是小数部分，小数点点在个位的右下角。小数点实际上是小数中的整数部分与小数部分分界的标志。例如，在25.49这个小数里，25是整数部分，小数点后边的“49”是小数部分。又如：0.3这个小数，0是整数部分，小数点右边的“3”是小数部分。

世界上最早应用十进制小数的是中国。早在公元263年时，我国古代大数学家刘徽在他注释的《九章算术》一书中，把开方开不尽时说成“微数”，就指的是小数。这比第一个系统地使用十进制分数的伊朗数学家阿尔·卡西要早1200年，比荷兰数学家斯蒂文所著、1585年在莱顿出版的《论十进》早1300年以上。在《论十进》这本书里，欧洲人才第一次明确地阐述了小数理论。其小数写法是，用没有数字的圆圈把整数部分与小数部分隔开。小数部分每个数后面画上一个圆圈，记上表明小数位数的数字。

14世纪，中国元代的刘瑾，在《律吕成书》中，提出了世界最早的小数表示法，它把小数部分降低一格来写。

15世纪上半叶，伊朗的阿尔·卡西采用垂直线把小数中的整数部分和小数部分分开，在整数部分上面写上“整的”。同时他把整数部分用黑墨水书写，而小数部分则写成红色的。这样小数就成了半边黑半边红的数了。

谈到小数点的使用，那还是在1593年，有一位德国数学家叫克拉维斯，他首先使用小黑点作为整数部分与小数部分分界的符号。1608年他发表的《代数学》中，将小数点公诸于世。从此，小数的现代记法被确定下来。

总之，世界上认识并应用小数最早的是中国人。从上述小数发展史，我们可以看到中国早在两千多年前的春秋战国时代，创造的十进制计数法和整数、小数、分数的四则运算法则是非常先进的。在数值计算的发展和应用方面，古代中国在世界上是遥遥领先的，这是我们中华民族的骄傲。

拓展阅读

英国的数学家纳皮尔在17世纪把“’”作为整数部分和小数部分分界的记号。直到19世纪末，还有各种不同的小数记法。例如，用2L5、2′5、2▲5——表示2.5。

现在世界上小数点的使用大体上分两大派。中国、英国、美国等用“.”，德国、法国等用“’”。

↓小数点在生活中随处可见

曹冲称象与计量的进步

在现实生活中，计量是人们常用到的数学概念。计量在生活中不仅发挥着重要的作用，而且应用也十分广泛。但是，计量作为数学的重要组成部分，在实际运用过程中，并不像人们想象的那么简单，有时候，人们也会因为计量不准确而造成很大的影响及损失。所以，无论如何你也要学好数学。只有这样，你才能在计量的过程中少吃亏。

曹冲称象与替代衡量法

大家都知道曹冲称象的故事吧。那么曹冲小小年纪为什么就能解决称量大象的难题呢？这是因为曹冲年龄虽小（当时年仅十二三岁），但已参与接触了不少社会实践。当时正值战争时期，出身军事世家的曹冲在孩提时就常在军中戏耍，对作为重要军事运输工具的舰船非常熟悉，也经常看到船工通过观察吃水线估算粮草、军需品载重量的情形。加之曹冲天资聪慧，平时就善于观察、勤于思考，因此他联想到了以船做秤，巧妙地称出了大象的重量。

曹冲称象的方法是符合科学道理的，以现在的衡量理论去分析，可以发现，这种巧妙的称象方法正是计量学中的“替代衡量法”。

什么是替代衡量法

所谓替代衡量法，就是以已知重量的物体，在衡器上去替代未知重量的被称物，使衡器达到相同的平衡位置，被称物体的重量就等于砝码的重量。

在曹冲称象中，被称物体是大象，已知重量的物体就是往船上装载的已称出其重量的物体，比如用石块。此物体的重量相当于砝码的重量，当两者使“衡器”（船）达到相同的平衡位置（相同的吃水线位置）

时，大象的重量就等于船上所装载的物体的重量。

可惜的是，长期处于封建社会的中国，对科学进步没有十分迫切的要求，因而“称象方法”没能进一步发展成为一种科学衡量方法体系。然而这则故事证明了在距今一千七八百年前，我国已能解决称量三四吨大重量的计量科技问题。这一项重大的创造发明，彰显我国古人在计量史上的聪明才智。

拓展阅读

替代衡量法适用于任何一种天平，如弹性式天平、液静式天平、电子天平等。替代衡量法也并不是只能消除天平带来的误差。从替代衡量原理上讲，它还应该能够消除天平的非线性误差、分度值误差等系统误差。替代衡量法是被称物体与标准砝码在相同称量状态下的比较，它的一个主要特征就是被称物体与标准砝码使天平分别达到相同的平衡位置，也就是达到相同的示值，由此，分度值误差和非线性误差也就能避免了。

沿用至今的替代衡量法

18世纪中叶，法国学者波尔达将这一衡量法正式提出，因此又叫波尔达法。不过这是在曹冲称象大约1500年之后了。

替代衡量法的称量原理虽简单，但它的称量准确度却很高，直到现在，它仍被世界各国广泛用于砝码的量值传递或溯源，包括从公斤原器直至各等级的标准砝码的比对和检定。它是目前使用的最为主要的一种精密衡量法。

↓古代容量计量单位

时间单位的由来

苏美尔的僧侣们出于商业和宗教的目的，发明了早期的数学计时法。他们的计数采用60进位制，一分钟等于60秒，一小时等于60分钟。而一天24小时也同样来自于苏美尔人的历法，甚至包括360度的圆周。因此这个世界最古老的文明所留下的遗迹到现在我们还随处可见。

“秒”的来历

时间的基本计量单位规定为秒，这个标准是在黄裳弟子的主持下测定的。他在南京紫金山建立了天文观测台，以太阳连续两次通过紫金山天文台的经线为一天，称之为一个太阳日，以一太阳日的86400分之一为一秒；但后来在长期的连续观测中发现，一年中太阳日的长短并不一样，最长的是12月23日，最短的是9月16日，长短相差51秒；于是提出平太阳日的概念，假想有一个均匀速度的天体在黄道上运动，这个假想的天体被称为“平太阳”，把这个平太阳连续两次通过同一子午线的时间称之为平太阳日，把平太阳日的86400分之一作为一秒，就比原来精确多了。规定1分钟等于60秒，1小时等于60分钟，1天等于24小时，1时辰等于2小时。

知识链接

中国科学院紫金山天文台，是我国最著名的天文台之一，建成于1934年9月，位于南京市东南郊风景优美的紫金山上。紫金山天文台是我国自己建立的第一个现代天文学研究机构，前身是成立于1928年2月的国立中央研究院天文研究所，至今已有80年的历史。中国现代天文学的许多分支学科和天文台站大多从这里诞生、组建和拓展。由于它在中国天文事业建立与发展中做出的特殊贡献，被誉为“中国现代天文学的摇篮”。

千克的来历

远古以来，各个国家采用过不少名称各异的质量单位，比如英、美两国曾采用过的磅、英制的盎司、俄制普特和不少国家采用的公斤以及我国曾采用过的市斤、两、钱等。现在世界各国普遍采用国际单位制，在国际单位制中质量的单位是千克，符号是kg。

国际单位制的确定

1960年，第十一届国际计量大会通过的国际单位制，其国际代号为SI，我国简称其为国际制，将质量确定为七个基本物理量之一：其名称为“质量”（mass），简写为M或m；其单位名称为“千克”，国际单位代号为“kg”；并做文字定义：千克等于国际千克原器的质量。

什么是国际千克原器

国际千克原器是世界上目前所存的定义最早、保存最严密的七个基本量中唯一的实物标准。这个实物标准件的由来是这样的：1971年，法国为了改变国内计量制度的混乱情况，在规定通过巴黎的地球子午线的四千万分之一为1米的同时，在米的基础上规定了质量的单位，即规定1分米^{3}的纯水在4℃时的质量为1千克（水在4℃时密度最大），并且用铂制作了标准千克原器，保存在法国档案局，因而称这个标准千克器为“档案千克”。

沿用至今的单位

1872年科学家们通过国际会议，决定以法国的档案千克为标准，用铂铱合金制作标准千克的复制器中，选了一个质量与“档案千克”最接近的作为国际千克原器，保存在巴黎国际计量局。

计量单位“米”的来历

在没有发明“米”的时候，人们是用一些简单的工具来测量长度的。比如带一根绳子在身上，需要的时候就用它来比较长短，古埃及人就使用绳子丈量土地。有的人想，可以用身体的一部分来做测量工具，如手臂、脚。

用脚作为长度单位

有的人用脚的长度作为长度的单位，一只脚的长度称为米。在中国古代丈量土地的时候，也经常用步数来计算。步测是测量两地之间距离的一种方法。用步作“尺”，虽然很方便，但也有缺陷，那就是每个人迈出的步都不一样长，他们的“尺”也就不一样了，不同的人用步测量同样的长度，会得到各种各样的结果，我们就不能确定到底是多长。说明用“脚尺”来测量也存在同样的问题。

尺子的诞生

对于这个问题英国政府是怎样解决的呢？英国政府以女工的脚作为标准，把它的长度定为一“尺”，再按这个标准单位制作一定长度的木条或者金属条，作为大家通用的度量工具。所以，直到今天英语中的“尺”还是“脚”的意思。这就是英国人最早用的尺子。

尺子诞生后，各个国家采用的是不同的标准。随着各国之间贸易的日益频繁，长度标准不统一给贸易往来带来许多不便，这该怎么办呢？

在革命中诞生的“米”

我们都知道“米”是世界上用得最广泛的长度单位。但很少有人知道它的出现与法国大革命、与地球周长有着密切关系。

随着科学技术的发展，人们还发明了很多先进的尺。有的“尺”可以测量很短的距离，如头发丝的直径、

一张纸的厚度；也有的“尺”可以测量很长很长的距离，如地球和太阳之间的距离。

1791年，具有革命思想的著名科学家拉格朗日，当选为法国度量衡委员会主席。该委员会采用了两位科学家的测量结果，用铂铱合金制成一根横截面为H型的标准米尺，作为原器存档。委员会还决定，法国从1812年颁布施行“米制”，并于1837年在全国强制推行，这就使得米制率先在法国扎根。1875年，也就是米制诞生后80年，国际度量衡委员会在巴黎开会。法、德、美、俄等17国政府代表共同签署了《米制公约》，同意成立国际度量衡局，并公认米制是在法国大革命中诞生的一项最伟大的科学成就，是计量科学史上的一个里程碑。

跋涉7年测量子午线长度

有了米，就该考虑如何测量地球子午线的长度了。尽管大家都知道这是一项艰苦卓绝的长途跋涉，而且绝不允许半点马虎，但天文学家约瑟夫·德朗布尔和安德烈·梅尚两个人依然坚定不移地接受了这一任务。他们约定从巴黎出发，背向而行，共同完成从敦刻尔克到巴黎，再到巴塞罗那这一段地球子午线的测量工作。

博学多才的德朗布尔从巴黎向北走；细致认真的梅尚从巴黎往南走。一旦两人到达各自目的地——敦刻尔克和巴塞罗那，就开始测量彼此间距离。最后根据测量数据进行计算，以得出子午线的长度。

两位科学家冒着各种危险，经过7年的跋涉，终于在法国南部要塞卡尔卡松会合。他们带着勘测资料返回巴黎时，拿破仑·波拿巴已成为法兰西新统治者，政局也恢复平静。巴黎群众像迎接英雄一样欢迎他们。崇尚科学的拿破仑也给予他们极高评价：“胜利如过眼烟云，但是这项成就会永存于世。”巴黎国际科学委员会还用纯铂制成一根1米长的金属棒来纪念两位科学家的探险活动。

人的身体自带“尺子”

其实，我们每个人身上都携带着几把尺子。假如你“一拃”的长度为8厘米，量一下你课桌的长为7拃，则可知课桌长为56厘米。如果你每步长65厘米，你上学时，数一数你走了多少步，就能算出从你家到学校有多远。

身高也是一把尺子。如果你的身高是150厘米，那么你抱住一棵大树，两手正好合拢，这棵树一周的长度大约是150厘米。因为每个人两臂平伸，两手指尖之间的长度和身高大约是一样的。要是你想量树的高，影子也可以帮助你的。你只要量一量树的影子和自己的影子长度就可以了。因为树的高度＝树影长×身高÷人影长。这

↑长度单位的统一方便了人们的生活

是为什么？等你学会比例以后就明白了。

如果你出去游玩，要想知道前面的山距你有多远，可以让你的“声音”帮你量一量。声音每秒能走331米，那么你对着前面的山喊一声，再看几秒可听到回声，用331乘听到回声的时间，再除以2就能算出来了。

学会用自己身上这几把尺子，对你计算一些问题是很有好处的。同时，在你的日常生活中，它的用处可是很大的哦。

拓展阅读

1875年5月20日，国际上诞生了《米制公约》。宣统元年（1909年）清政府向国际计量局定制的尺度和重量原器，成为中国度量衡史上第一代具备了现代科学水平的基准和仪器。

神奇的世界

第四章

趣谈“算术”

“算”字在中国的古意也是“数”的意思，表示计算用的竹筹。中国古代的复杂数字计算都要用算筹。所以“算术”包含当时的全部数学知识与计算技能，流传下来的最古老的《九章算术》以及已经失传的《算术》（许商）和《算术》（杜忠），就是讨论各种实际的数学问题的求解方法。现在拉丁文的“算术”这个词是由希腊文的“数和数数的技术”变化而来的。

最早的数学——算术

中国古代数学称为“算术”，其原始意义是运用算筹的技术。这个名称恰当地概括了中国数学的传统。筹算不只限于简单的数值计算，后来方程所列筹式描述了比例问题和线性问题；天元、四元所列筹式刻画了高次方程问题。等式本身就具有代数符号的性质。

中国数学的传统活力

对于中国数学中的程序化计算，最近越来越多地引起了国内外有关专家的兴趣。有人形象地把算筹比喻为计算机的硬件，而表示算法的“术文”则是软件。可见中国数学传统活力源远流长。

算数是怎么产生的

把数和数的性质、数和数之间的四则运算在应用过程中的经验累积起来，并加以整理，就形成了最古老的一门数学——算术。

关于算数的产生，还是要从数谈起。数是用来表达、讨论数量问题的，不同类型的量，也就随着产生了各种不同类型的数。远在古代发展的最初阶段，由于人类日常生活与生产实践中的需要，在文化发展的最初阶段就产生了最简单的自然数的概念。

算术的发展

在算术的发展过程中，由于实践和理论上的需求，提出了许多新问题，在解决这些新问题的过程中，古算术从两个方面得到了进一步的发展。

一方面在研究自然数四则运算中，发现只有除法比较复杂，为了寻求这些数的规律，出现了一个新的数学分支，叫作整数论。

另一方面，在古算术中为了能找到更为普遍适用的方法来解决各种应用问题，于是发明了抽象的数学符号，从而发展成为数学的另一个古老的分支，也就是初等代数。

《九章算术》的意义

在古代，算术是数学家研究的对象，而现在已变成了少年儿童的数学。

标志着中国古代数学体系形成的《九章算术》，由246个与实际生活密切相关的应用题及其解法所构成，分为方田、粟米、衰分、少广、商功、均输、盈不足、方程、勾股等九章，内容涉及初等数学中的算术、代数、几何等，包括分数概念及其运算、比例问题的计算、开平方和开立方的运算、负数概念、正负数加减运算、一次方程的解法等。

↓《九章算术》中还记载了开平方等复杂的运算

拓展阅读

《九章算术》成书于西汉末到东汉初，约公元1世纪前后。《九章算术》的作者不详，很可能是在成书前一段历史时期内通过多人之手逐次整理、修改、补充而成的集体创作结晶。由于两千年来经过辗转手抄、刻印，难免会出现差错和遗漏，加上《九章算术》文字简略，有些内容不易理解，因此历史上有过多次校正和注释。

主要有西汉张苍增订、删补，三国时曹魏刘徽注，唐李淳风注，南宋杨辉著《详解九章算法》选用《九章算术》中80道典型的题做过详解并分类，清李潢所著《九章算术细草图说》对《九章算术》进行了校订、列算草、补插图、加说明等。

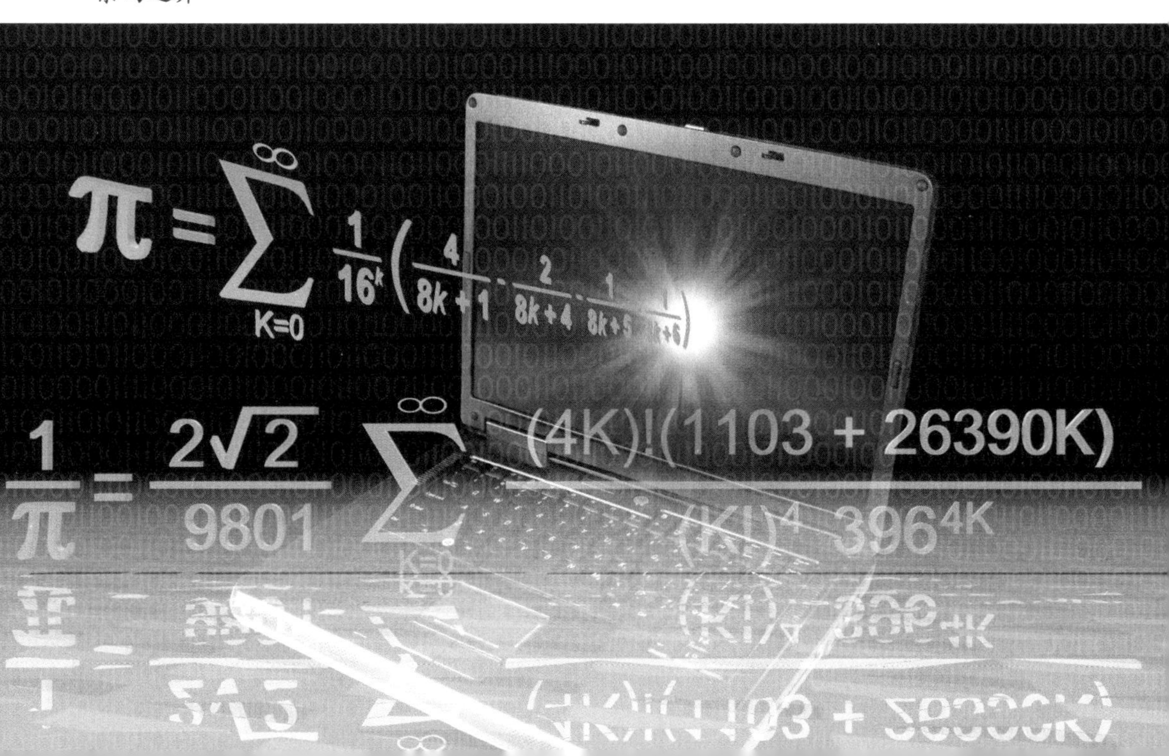

穿越时空的“十进制”计数法

中国是世界上最早使用“十进位值制”计数法的国家。一、二、三、四、五、六、七、八、九、十、百、千、万……是中国十进数制的基础。

最古老的计数器

我们每个人都有两只手，十个手指，除了残疾人与畸形者。那么，手指与数学有什么关系呢？我们常看见家长教孩子学数数时伸出了手指，大概所有的人都是这样从手指与数字的对应来开始学习数数的吧。手指可是人类最方便也是最古老的计数器。

穿越时空的隧道

让我们穿越时间隧道回到几万年前吧，那里有一群原始人正在向一群野兽发动大规模的包围攻击。只见石制的箭镞与石制投枪呼啸着在林中掠过，石斧上下翻飞，被击中的野兽在哀嚎，尚未倒下的野兽则拼命奔逃。这场战斗一直延续到黄昏。晚上，原始人在他们栖身的石洞前点燃了篝火，他们围着篝火边唱边跳，庆祝胜利，同时把白天捕杀的野兽抬到火堆边点数。他们是怎么点数的呢？用“随身计数器”——手指吧，一个，两个……每个野兽对应一根手指。等到十个手指用完，怎么办？先把之前数过的十个放在一起，拿一根绳，在绳上打一个结，表示“手指这么多的野兽”（即十只野兽）。再从头数起，又数了十只野兽放在一起，再在绳上打个结，依次类推。这天，他们简直是大丰收，很快就数到跟“手指一样多的结”了。于是换第二根绳继续数下去。假定第二根绳上打了3个结后，野兽只剩下6只。那么，这天他们一共猎获了多少野兽呢？ 1根绳又3个结又6只，用今天的话来说，就是：1根绳=10个结，1个结=10只。所以1根

绳3个结又6只=136只。

你看，“逢十进一”的十进制就这样应运而生。而现在世界上几乎所有的民族都采用了十进制。

其他计算法

过去的许多民族也曾用过别的进位制，比如二十进制，玛雅人、美洲印第安人和格陵兰人都用过这种进制。它们用“一个人”代表20，“两个人”代表40。而公元前3世纪闪族发明的六十进制是以60为基数的进位制，后传至巴比伦，流传至今仍用作记录时间、角度和地理坐标。

拓展阅读

在古代的美索不达米亚，数字以楔形文字的形式表达，分“个位”和“十位”，1以Y代表，2为YY，3为YYY，如此类推，直至9。10则为<，20为<<，如此类推，直至50（<<<<<）。大过59个数字，就再次重复以上符号。闪族和早期巴比伦没有“0”，所以并不能以一堆楔形符号说出想表达的数字。到后来，巴比伦人逐渐以点代表零。

↓小朋友常用的珠算玩具

整数的诞生

公共汽车上，有一位年轻的妈妈抱着她的小宝宝坐在车窗边，她正在教她的小宝宝数数呢。她伸出一个手指问："这是几呀？"正在咿呀学语的小孩望了望妈妈，答道："一。"妈妈伸出了两个手指问："这是几呀？"小孩想了想答道："二。"妈妈又伸出三个手指，小孩犹豫了好一阵，回答："三。"再伸四个手指时，小孩答不出来了。在这个小孩看来，那些手指实在太多了，他已经数不清了。其实，能数到三，对一个黄口孺子来说，已经很不简单了。

自然数的产生

自然数是在人类的生产和生活实践中逐渐产生的。人类认识自然数的过程是相当漫长的。在远古时代，人类在捕鱼、狩猎和采集果实的劳动中产生了计数的需要。起初人们用手指、绳结、刻痕、石子或木棒等实物来计数。例如表示捕获了3只羊，就伸出3根手指；用5个小石子表示捕捞了5条鱼；一些人外出捕猎，出去1天，家里的人就在绳子上打1个结，用绳结的个数来表示外出的天数。这样经过较长时间，随着生产和交换的不断增多以及语言的发展，渐渐地把数从具体事物中抽象出来，先有数目1，以后逐次加1，得到2、3、4……这样逐渐产生和形成了自然数。因此，可以把自然数定义为，在数物体的时候，用来表示物体个数的1、2、3、4、5、6……叫作自然数。自然数的单位是"1"，任何自然数都是由若干个"1"组成的。自然数有无限多个，1是最小的自然数，没有最大的自然数。

"精确"的概念

要知道，学会数数，那可是人类经过成千上万年的奋斗才得到的结果。如果我们穿过"时间隧道"来到二三百万年前的远古时代，和我们的祖先——类人猿在一起，我们会发现他们根本不识数，他们对事物只有“有”与“无”这两个数学概念。类人猿随着直立行走使手脚分工，通过劳动逐步学会使用工具与制造工具，并产生了简单的语言，这些活动使类人猿的大脑日趋发达，最后完成了由猿向人的演化。这时的原始人虽没有明确的数的概念，但已由“有”与“无”的概念进化到“多”与“少”的概念了。“多少”比“有无”要精确。这种概念精确化的过程最后就导致“数”的产生。

“结绳记事”与符号的出现

上古的人类还没有文字，他们用的是结绳记事的办法（《周易》中就有“上古结绳而治，后世圣人，易之以书契”的记载）。遇事在草绳上打一个结，一个结就表示一件事，大事大结，小事小结。这种用结表事的方法就成了“符号”的先导。长辈拿着这根绳子就可以告诉后辈某个结表示某件事。这样代代相传，所以一根打了许多结的绳子就成了一本历史教材。本世纪初，居住在琉球群岛的土著人还保留着结绳记事的方法。而我国西南的一支少数民族，也还在用类似的方法记事，他们的首领有一根木棍，上面刻着的道道就是记的事。

虚数不虚

由于虚数闯进数的领域时，人们对它的实际用处一无所知，在实际生活中似乎没有需用复数来表达的量，因此在很长一段时间里，人们对它产生过种种怀疑和误解。笛卡尔称“虚数”的本意就是指它是虚假的；莱布尼兹则认为：“虚数是美妙而奇异的神灵隐蔽所，它几乎是既存在又不存在的两栖物。”欧拉尽管在许多地方用了虚数，但又说一切形如a＋bi的数学式都是不可能有的，纯属虚幻的。

继欧拉之后，挪威测量学家维塞尔提出把复数（a＋bi）用平面上的点来表示。后来高斯又提出了复平面的概念，终于使复数有了立足之地，也为复数的应用开辟了道路。现在，复数一般用来表示向量（有方向的量），这在水利学、地图学、航空学中的应用十分广泛，虚数越来越显示出其丰富的内容。真是：虚数不虚！

拓展阅读

虚数的发展说明了：许多数学概念的产生并不直接来自实践，而是来自思维，但只有在实际生活中有了用处时，这些概念才能被接受而获得发展。

数学中的皇冠——数论

人类从学会计数开始就一直和自然数打交道，后来由于实践的需要，数的概念进一步扩充，自然数叫作正整数，而与它们的相反数叫作负整数，介于正整数和负整数中间的中性数叫作0，它们合起来叫作整数。

对于整数可以施行加、减、乘、除四种运算，叫作四则运算。其中加法、减法和乘法这三种运算，在整数范围内可以毫无阻碍地进行。也就是说，任意两个或两个以上的整数相加、相减、相乘的时候，它们的和、差、积仍然是一个整数。但整数之间的除法在整数范围内并不一定能够无阻碍地进行。

整数里发现的数学规律

人们在对整数进行运算的应用和研究中，逐步熟悉了整数的特性。比如，整数可分为两大类——奇数和偶数（通常被称为单数、双数）等。利用整数的一些基本性质，可以进一步探索许多有趣和复杂的数学规律，正是这些特性的魅力，吸引了古往今来许多的数学家不断地研究和探索。

高斯与《算术探讨》

到了18世纪末，历代数学家积累的关于整数性质零散的知识已经十分丰富了，把它们整理加工成为一门系统的学科的条件已经完全成熟了。德国数学家高斯集中前人的大成，写了一本书叫作《算术探讨》，1800年寄给了法国科学院，但是法国科学院拒绝了高斯的这部杰作，高斯只好在1801年自己发表了这部著作。这部书开创了现代数论的新纪元。

在我国近代，数论也是发展最早的数学分支之一。从20世纪30年代开始，在解析数论、刁藩都方程、一致分布等方面都有过重要的贡献，出现了华罗庚、闵嗣鹤、柯召等一流的数论专家。其中华罗庚教授在三角和估值、堆砌素数论方面的研究在世界上是享有盛名的。1949年以后，数论的研究得到了更大的发展。

特别是陈景润在1966年证明“哥德巴赫猜想”的“一个大偶数可以表示为一个素数和一个不超过两个素数的乘积之和”以后，在国际数学界引起了强烈的反响。陈景润的论文被盛赞是解析数学的名作，是筛法的光辉顶点。至今，这仍是“哥德巴赫猜想”的最好结果。

拓展阅读

数论在数学中的地位是独特的，高斯曾经说过“数学是科学的皇后，数论是数学中的皇冠”。因此，数学家都喜欢把数论中一些悬而未决的疑难问题，叫作“皇冠上的明珠”，以鼓励人们去“摘取”。下面简要列出几颗“明珠”：费马大定理、孪生素数问题、哥德巴赫猜想、圆内整点问题、完全数问题。

高斯肖像→

你知道分数的起源吗

分数起源于“分”。一块土地平均分成三份，其中一份便是三分之一。三分之一是一种说法，用专门符号写下来便成了分数，分数的概念正是人们在处理这类问题的长期经验中形成的。

阿默斯纸草卷与分数的起源

世界上最早期的分数，出现在埃及的阿默斯纸草卷。公元1858年，英国人亨利林特在埃及的特贝废墟中，发现了一卷古代纸草，立即对这卷无价之宝进行修复，并花了19年的时间，才把纸草中的古埃及文翻译出来。现在这部世界上最古老的数学书被珍藏在伦敦大英博物馆内。

在阿默斯草卷中，我们见到了四千年前分数的一般记法，当时埃及人已经掌握了单分数——分子为1的分数的一般记法，并把单分数看作是整数的倒数。埃及人的这种认识以及对单分数的统计法，是十分了不起的，它告诉人们数不仅有整数，而且有它的倒数——单分数。

分数的长途旅行

分数终究不只是单分数，大约在公元前5世纪，中国开始出现把两个整数相除的商看作分数的认识，这种认识正是现在的分数概念的基础。在这种认识下，一个除式也就表示一个分数，被除数放在除数的上面，最上面留放着商数，例如：若是假分数，化成带分数后与现在的记法不同的是，假分数的整数部分放在分数的上面，而不是放在左边。

大约在12世纪后期，在阿拉伯人的著作中，首先用一条短横线把分子、分母隔开来，这可以说是世界上最早的分数线；13世纪初，意大利数学家菲波那契在他的著作中介绍阿拉伯数字，也把分数的记法介绍到了欧洲。

谁最先研究分数的运算

西汉时期，张苍、耿寿昌等学者整理、删补自秦代以来的数学知识，编成了《九章算术》。在这本数学经典的《方田》章中，提出的完整的分数运算法则大约在15世纪才在欧洲流行。欧洲人普遍认为，这种算法起源于印度。实际上，印度在7世纪婆罗门笈多的著作中才开始有分数运算法则，这些法则都与《九章算术》中介绍的法则相同。而刘徽的《九章算术注》成书于魏景元四年（公元263年），所以，即使与刘徽的时代相比，印度也要比我们晚400年左右。

拓展阅读

百分数是在日常生产和生活中使用频率很高的知识，200多年前，瑞士数学家欧拉在《通用算术》一书中说，要想把7米长的一根绳子分成三等份是不可能的，因为找不到一个合适的数来表示它。如果我们把它分成三等份，每份是7/3米。像7/3就是一种新的数，我们把它叫作分数。而后，人们在分数的基础上又以100做基数，发明了百分数。

百分数是用一百做分母的分数，在数学中用“%”来表示，在文章中一般都写作“百分之多少”。百分数与倍数不同，它既可以表示数量的增加，也可以表示数量的减少。

↓百分数

编制密码——质数的巨大功用

2000年前，欧几里得证明了素数有无穷多个。既然有无穷个，那么是否有一个通项公式？两千年来，数论学的一个重要任务，就是寻找一个可以表示全体素数的素数普遍公式和孪生素数普遍公式，为此，人类耗费了巨大的心血。希尔伯特认为，如果有了素数统一的素数普遍公式，那么哥德巴赫猜想和孪生素数猜想都可以得到解决。

孤独失落的兄弟——质数

质数又叫素数。是指一个只能被1和它本身整除的数，它是一个在数论中占重要研究地位的数。孪生质数指的是间隔为2的相邻质数，比如“3和5”“5和7”，他们孤独而失落，虽然接近，却不能真正触到对方。

质数与编制密码

11111这个数很容易记住。如果在需要设置密码时，选用11111，别人不知道，自己忘不掉，可以考虑。但是，万一被别人记住这个密码，怎么办呢？这时你可以采用双重加密。通常看见11111这个数，从它由5个1组成，容易联想到“五一劳动节”、“五个指头一把抓”、“我爱五指山，我爱万泉河”，等等。但是一般不太容易想到把它分解质因数。这个数可以分解成两个质因数的乘积：$11111=41\times271$。

这两个质因数都比较大，不是一眼就能看得出来的。把两个质因数连写，成为41271，作为第二层次的密码，可以再加一道密，争取一些时间，以便采取补救措施。

密码容易被破解怎么办

如果担心破解密码的人也会想到分解质因数，可以加大分解的难度。把两个质因数取得大些，分解起来就

会困难得多。例如，从质数表上可以查到，8861和9973都是质数。把它们相乘，得到8861×9973=88370753。

把乘积88370753作为第一密码，构成第一道防线；把两个质因数连写，成为88619973，作为第二密码，这第二道防线就不是一般小偷能破解的了。即使想到尝试把88370753分解质因数，即使利用电子计算器帮助做除法，如果手头没有详细的质数表，逐个试除下去，等不及试除到1000，就可能丧失信心，半途而废。

质因数这么大，万一自己忘记了密码，自己也同样破解不出，那不是自找麻烦吗？

这一点在编制密码时就要早做安排。选取上面这两个大质数8861和9973，已经预先定下锦囊妙计：只要用谐音的办法，把它们读成“爸爸留意，舅舅漆伞”，就能牢牢记住了。

用以上这套简单办法，每个人都很容易编出只有自己知道的双重密码。

如果利用电子计算机，把一个不很大的数分解成质因数的乘积，是很容易的。但是如果这个数太大，计算量超出通常微机的能力范围，就是电脑也望尘莫及了。

“魔咒是神经质的秃鹰”

1977年，曾经有三位科学家和电脑专家设计了一个世界上最难破解的密码锁，他们估计人类要想解开他们的密码，需要40个1千万万年。他们这样做，是要向政府和商界表明，利用长长的数学密码，可以保护储存在电脑数据库里的绝密资料，例如可口可乐配方、核武器方程式等。

他们编制密码的原则，基本上就是上面介绍的分解质因数的办法，不过他们的数取得很大不是五位数11111或八位数88370753，而是一个127位的数，使当时的任何电脑都望洋兴叹。

当然，编制密码锁的三位专家里夫斯特、沙美尔和艾德尔曼没有想到，科学会发展得这样快。仅仅过了17年，经过世界五大洲600位专家利用1600部电脑，并且借助电脑网络，埋头苦干8个月，终于攻克了这个号称千亿年难破的超级密码锁。结果发现，藏在密码锁下的是这样一句话：“魔咒是神经质的秃鹰。”

拓展阅读

电脑网络的普及，使每一位用户只要坐在家里按按键盘，就能查阅世界各地电脑向网络提供的有用资料。但是也要小心提防，世界这么大，万一有哪位喜欢恶作剧的小孩通过网络闯进你家电脑，乱涂乱抹，储存在电脑里的资料就会受到损失。要像房门上锁一样，给进网络的电脑配上自己的密码锁。质数就是编制密码的一个理想工具。

稀少又珍贵的完全数

公元1世纪，毕达哥拉斯学派成员、古希腊著名数学家尼可马修斯在他的数论专著《算术入门》一书中，给出了6、28、496、8128这四个完全数，并且通俗地复述了欧几里得寻找完全数的定理及其证明。他还将自然数划分为三类：富裕数、不足数和完全数，其意义分别是小于、大于和等于所有真因数之和。

象征完满的完全数——“6”

公元前3世纪时，古希腊数学家对数字情有独钟。他们在对数的因数分解中，发现了一些奇妙的性质，如有的数的真因数之和彼此相等，于是诞生了亲和数；而有的真因数之和居然等于自身，于是人们又诞生了完全数。6是人们最先认识的完全数。当研究数字的先师毕达哥拉斯发现6的真因数1、2、3之和还等于6。他激动地说：“6象征着完满的婚姻以及健康和美丽，因为它是完整的，并且其和等于自身。”

比珍珠还难找的完全数

完全数在古希腊诞生后，像谜一样吸引着众多数学家和数学爱好者去寻找更多的完全数。可是，纵然为此呕心沥血，仍然没有人找到第五个完全数。后来，由于欧洲战争不断，希腊、罗马的科学也逐渐衰退，一些优秀的科学家带着他们的成果和智慧纷纷逃往阿拉伯、印度、意大利等国。从此，希腊、罗马文明一蹶不振。

直到1202年才出现一线曙光。意大利的斐波那契，青年时随父游历古代文明的希腊、埃及、阿拉伯等国，学到了不少数学知识。他才华横溢，后来写出名著《计算之书》，成为13世纪在欧洲传播东方文化和将东方数学系统地介绍到西方的第一人，并且成为西方文艺复兴前夜的数学启明星。斐波那契经过推算后宣布找到了一个寻找

完全数的有效法则，可惜没有得到当时数学界的共鸣，只好不了了之。

无名氏与第五个完全数

1460年，当人们还在为寻找更多完全数乐此不疲时，有人偶然发现在一位无名氏的手稿中，竟神秘地给出了第五个完全数33550336。它比第四个完全数8128大了4000多倍。

跨度如此之大，在计算并不发达的时代可想而知发现者的艰辛了。可惜手稿里没有说明他用什么方法得到的，也没有公布自己的姓名，使得人们迷惑不解。不过，在这位无名氏成果的鼓励下，15—19世纪是研究完全数不平凡的时代，其中17世纪出现了小高潮，而著名的“梅森猜测”就是这个时候诞生的。

不断发现的难题

在研究与寻找的过程中，人们还发现完全数的一个奇妙现象。如果把一个完全数的各位数字加起来得到一个数，再把这个数的各位数字加起来，又得到一个数，一直这样做下去，结果一定是1。例如：

数字28：2+8=10，1+0=1

数字496：4+9+6=19，1+9=10，1+0=1

这一现象意味着什么？法国数学家笛卡尔曾公开预言：“能找出的完全数是不会多的，好比人类一样，要找一个完人亦非易事。”所以关于完全数还有许多待解之谜，比如：完全数之间有什么关系？完全数是有限还是无穷多个？存在不存在奇数完全数？

寻找未知的“奇数完全数”

从1952年开始，人们借助高性能计算机寻找完全数，至1985年才找到18个。而迄今为止，发现的30个完全数，统统都是偶数，于是，数学家提出猜测：存不存在奇数完全数？

1633年11月，笛卡尔给梅森的一封信中，首次提出了奇数完全数的研究。可惜直到他死也未能找到。而且至今，没有任何一个数学家发现一个奇数完全数。这又成为世界数论的一大难题。虽然谁也不知道它们是否存在，但经过一代又一代数学家的研究计算，有一点是明确的，那就是如果存在一个奇数完全数的话，那么它一定是非常大的。对奇数完全数是否存在，产生如此多的估计，也算得上是数学界的一大奇闻了。

拓展阅读

以上这些难题，与其他数学难题一样，有待人们去攻克。尽管现在还看不到完全数的实际用处，但它反映了自然数的某些基本规律。探索这些自然规律，有助于揭开科学世界的未知之谜，这正是科学追求的目标。

寻找负数的光辉

从数学发展史看，我国是最早使用负数的国家。我国数学巨著《九章算术》中除了引进正负数的概念之外，还完整地叙述了正负数的加减运算法则。

不过，《九章算术》并没有完全解决正负数的乘、除运算问题。“负负得正”这一法则，是公元11世纪我国宋朝的《议古根源》一书中阐明的。毫无疑问，这在世界数学史上是首开先河的，也给世界数学史带来一份十分可贵的财富。

不被理解的负数

在国外，印度大约在公元7世纪才开始认识负数。欧洲直到十二三世纪才有负数，但那时的西方数学家并不太欢迎它，甚至认为负数不是数。例如法国大数学家韦达，他在代数方面做出了巨大贡献，但却努力避免引进负数，在解方程求得负根时统统都舍去。1544年，德国人斯梯弗尔还把负数称为“荒谬”、“无稽”。由于他们将“0”看作“没有”，所以不能理解“比没有还少”的现象。

在几何中闪耀光芒的负数

负数的不被理解一直到了1637年，法国大数学家笛卡儿发明了解析几何学，创立了坐标系和点的概念，负数才被赋予了几何意义和现实作用。这也确立了它在数学中的地位，并逐渐为人们所公认。

低温的负数世界

随着现代科学技术的迅猛发展，负数已经越来越多地进入了我们的生活。现在我们一起去探寻低温的负数世界吧，看一看负数是怎样在那里施展它的才能的。

在地球的南极点附近，人们测出世界最低气温为-94.5℃。不过据前苏联科学家称，他们曾在南极东方站测得－105℃的气温，但这个数据没有得到证实，所以未被国际承认。

人的骨髓在－50℃的条件下，可保存6到12个月。

日本一家公司开发了一种制冷可达到世界最低温度－152℃的冷藏柜。这种冷藏柜用于保存人体细胞和血液，甚至可以涉足更高的医学领域。

1969年6月4日，有个名叫索卡拉斯·拉米尔兹的人，从古巴逃至西班牙。飞机在9142米的高空飞行，而他藏身在客机未加压的轮空内，并在－22℃的严寒下，忍受了8个小时。

在月球表面，“白天”温度可达127℃。太阳落下后，“月夜”气温竟下降到－183℃。

1967年1月，美国著名心理学家詹姆斯·贝德福特因患肺癌而住进了洛杉矶市郊疗养院。他拿出所有存款请求医院将他冷冻处理。随后，科学家们将他的体温降至－73℃，用铝箔包裹住整个身体，放入低温密封储藏仓，最后用－196℃液体氮急速降温。几秒后，贝德福特的身体变得如同玻璃一样脆。

贝德福特曾留下遗言：希望人类有一天能征服癌症，并且能找到将冷冻的生命复活的方法，使他能从密仓里活着走出来。据说，现在美国已有300多具期待复活的冰尸。

↓坐标系创立后，负数地位才逐渐确立

无理数的发现

在古希腊，研究几何是一种时尚，许多有学问的人都研究几何。毕达哥拉斯就是一位在几何学上表现出色的大数学家。当时，毕达哥拉斯手下有许多门徒，他们都是愿意为研究数学奉献一生的人。

口出“谬误”的人

现在我们都知道，除去整数、分数这些有理数之外，还有无理数。但那个时候如果有人说“世界上除了整数和分数之外，还存在其他的数”，那么他一定会被大家公认为是口出谬误的人，一定会被置于死地。而这个人，就是毕达哥拉斯的弟子希伯修斯。

找不到的“分数”

事情要追溯到2000多年前的古希腊。那时希腊的手工业、商业、航海事业都有较快发展，促进了各国政治、经济、文化的交流，科学研究气氛也很浓厚，涌现出一批哲学家、数学家、天文学家。

这一时期最伟大的数学家毕达哥拉斯，组建了毕达哥拉斯学派，这个学派既是学习团体，又是政治、宗教团体，有着严格的清规戒律。毕达哥拉斯教他们学习数学知识，但不准把学到的知识传给外人。若是谁有了新的发现，也都归毕达哥拉斯。违背这些规定的人就要被处死。比如，会员必须宣誓“绝不把知识传授给外人”，否则将接受严重处分，甚至极刑——活埋。

勾股定理引发的危机

规矩虽严格，但毕达哥拉斯学派对古希腊数学的发展却也做出了突出贡献。著名的勾股定理就是这个学派成员智慧的结晶，称为毕达哥拉斯定理。不过在毕达哥拉斯学派证明了勾股定理后，遇到了一个没法解决的问题：如果正方形长为1，那么它的对角线L呢？勾股定理里L=？这个数是整数还是分数呢？

照毕达哥拉斯的观点，L是一个比1大又比2小的数，所以它不是整数而只能是分数。然而他们费了九牛二虎之力，也没有找出这个分数。

找不到的“分数”原来是新成员

发现这个神秘数的是毕达哥拉斯的一个学生——勤奋好学的希伯修斯。他断言，边长是1的正方形对角线的长既不是整数，也不是分数，而是一个人们还未认识的新数。

希伯修斯的发现推翻了毕达哥拉斯的论断——“世上只有整数和分数，除此之外，就没有别的什么数了”。因此，当毕达哥拉斯知道后，感到十分恐慌，他立即下令封锁这个“发现”，并扬言，谁敢泄露给学派以外的人，立即处以极刑。

聪明的希伯修斯预感到这个发现会为他带来灭顶之灾，但因为对学术的热爱，他一边坚持自己的发现是对的，一边暗地与伙伴们进行研究。结果却一传十，十传百。毕达哥拉斯恼羞成怒，认为这个人胆敢亵渎他神圣的权威，背叛自己的学派。于是，立即下令追查泄露机密的人，这个人当然就是希伯修斯。

用生命代价换来的真理

希伯修斯闻声逃走，却最终逃不出毕达哥拉斯学派的追兵，这其中还有他的对头克迪拉。终于，希伯斯永远地沉睡在了地中海里。可是，他发现的新成员“无理数”并没有随着他一起下沉，也没有永远地被“无理”下去。

15世纪意大利著名画家达·芬奇将这种数称之为“无理的数”；17世纪德国天文学家开普勒称之为“不可名状”的数。这种叫法也算是在“纪念”毕达哥拉斯学派的“无理”吧。

无理数的存在终于得到了证实。

新发现带来的深远影响

希伯修斯的发现，第一次向人们揭示了无理数的存在，并对2000多年后的数学发展产生了深远的影响。促使人们从依靠直觉转向依靠证明，推动了公理几何学与逻辑学的发展，并且孕育了微积分的思想萌芽。

毕达哥拉斯学派证明了勾股定理，结果促使希伯修斯发现了一种新的数，震撼了毕达哥拉斯学派的数学基石——万物皆依赖于整数。希伯修斯为了追求真理，献出了自己宝贵的生命，这就是人们称作的第一次数学危机。

↓古希腊数学家毕达哥拉斯

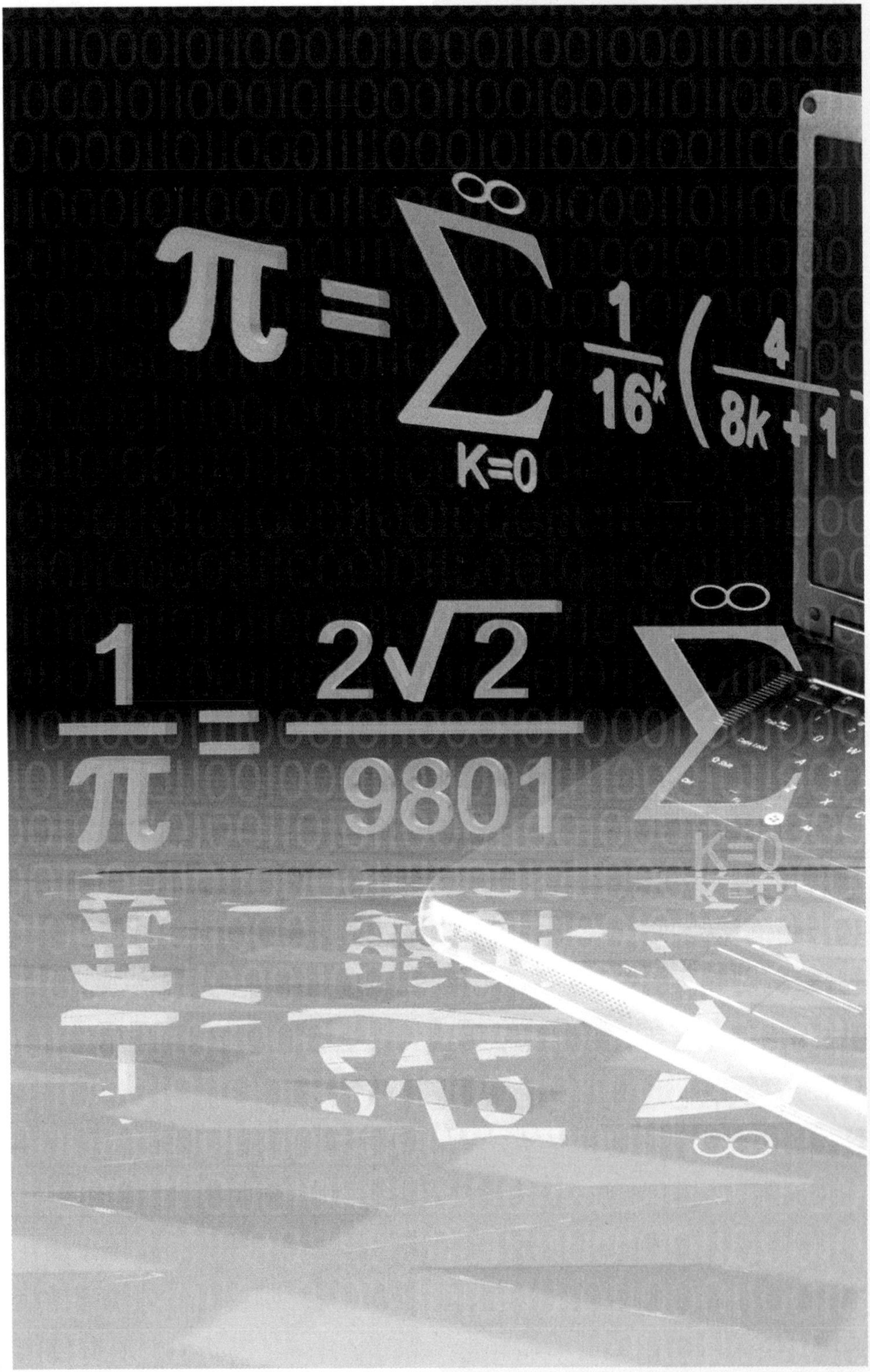
π = Σ ∞ K=0 1/16^k (4/(8k + 1)
1/π = 2√2/9801 Σ ∞ K=0

神奇的世界

第五章

变脸大王——几何

几何学发展的历史悠久，内容丰富。它和代数、分析、数论等关系极其密切。几何思想是数学中最重要的一类思想。目前的数学各分支发展都呈几何化趋向，即用几何观点及思想方法去探讨各分支数学理论。

趣谈几何

埃及和巴比伦人在毕达哥拉斯之前1500年就知道了毕达哥拉斯定理，也就是我们中国的勾股定理。古埃及人还有方形棱锥（截去尖顶的金字塔形）的体积计算公式，巴比伦还有一个三角函数表。这些先进的数学原理，有时令我们不得不怀疑是否有史前人类或外星人的参与呢。

最早的几何记录

最早有关几何的记录可以追溯到公元前3000年的古埃及、古印度和古巴比伦。它们利用长度、角度、面积和体积的经验原理，用于测绘、建筑、天文和各种工艺制作等方面的测算。这些原理非常复杂和先进，现代的数学家都需要用微积分来推导它们。

“几何”一词的来历

我们都知道几何学，但你知道“几何”这个名称是怎么来的吗？

在古代，这门数学分科并不叫几何，而是叫“形学”。听名字大概是指与图形有关的数学。但中国古时候的“几何”并不是一个专有数学名词，而是文言文虚词，意思是“多少”。

例如曹操的著名乐府诗《短歌行》里写道：“对酒当歌，人生几何？”这里的“几何”就是多少的意思。而《陌上桑》中那个从南而来的使君看上了美丽的采桑女罗敷，询问

↓百变几何

她："罗敷年几何？"这里的"几何"也是"多少"的意思。

直到20世纪初，"几何"这个名字才有了比较明显地取代"形学"一词的趋势，到了20世纪中期，"形学"一词再难得露上一面，"几何"成为了数学分科的正式名称。

笛卡尔与解析几何

在笛卡尔之前，几何是几何，代数是代数，他们各自独立互不相扰。但是，传统的几何过分依赖图形和形式演绎，而代数又过分受法则和公式的限制，这一切都制约了数学的发展。有一天，笛卡尔突发奇想，能不能找到一种方法，架起沟通代数与几何的桥梁呢?为此他常常花费大量的时间去思考。

1619年11月的一天，笛卡尔因病躺在了床上，无所事事的他又想起了那个折磨他很久的问题。

这时，天花板上有一只小小的蜘蛛从墙角慢慢地爬过来，吐丝结网，忙个不停。从东爬到西，从南爬到北。结一张网，小蜘蛛要走多少路啊！笛卡尔开始计算蜘蛛走过的路程。他先把蜘蛛看成一个点，接着思考这个点离墙角有多远？离墙的两边又有多远？

想着想着就睡着了。结果在梦中，他好像看见蜘蛛还在爬，离两边墙的距离也是一会儿大，一会儿小……大梦醒来的笛卡尔突然明白——要是知道蜘蛛和两墙之间的距离关系，不就能确定蜘蛛的位置吗？确定了位置后，自然就能算出蜘蛛走的距离了。于是，他郑重地写下了一个定理：在互相垂直的两条直线下，一个点可以用到这两条直线的距离，也就是两个数来表示，这个点的位置就被确定了。

笛卡尔写下的定理就是现在应用广泛的坐标系。可在当时，这真是了不起的发现，这是第一次用数形结合的方式将代数与几何连接起来了。它用数来表示几何概念，代数形式表示几何图形。这是解析几何学的诞生。沿着这条思路，在众多数学家的努力下，数学的历史发生了重要的转折，解析几何学也最终被建立起来。

知识链接

欧几里得酷爱数学，并写成了数学史上早期的巨著——《几何原本》。在《几何原本》这部著作里，全部几何知识都是从最初的几个假设除法、运用逻辑推理的方法展开和叙述的。也就是说，欧几里得《几何原本》的诞生在几何学发展的历史中具有重要意义。它标志着几何学已成为一个有着比较严密的理论系统和科学方法的学科。

最绚烂的语言——几何语言

许多数学符号很形象，一看就明了它的含意。如第一个使用现代符号“=”的数学家雷科德就这样说道：“再也没有别的东西比它们更相等了。”他的巧妙构思得到了公认，从而相等符号“=”沿用了下来。

现代数学符号体系的形成

数学的说理性很强，因此用文字语言来叙述说理过程时，写的人嫌麻烦，读的人又觉得繁琐，写和读的人都跟不上思考，常常迫使思路中断。为了简化叙述，自古至今数学家们努力创造了大量缩写符号，使解决问题的思路顺畅。随着科学的迅速发展，作为科学公仆的数学迫切需要改进表述的方式方法，于是现代数学的符号体系开始在欧洲形成了。

三位数学家对符号的贡献

为了进一步发展，许多几何符号应运而生。如平行符号“//”多么简单又形象，给人们抽象而丰富的想象，在同一个平面内的两条线段各自向两方无限延长，它们永不相交，揭示了两条直线平行的本质。

数学符号有两个基本功能：一是准确、明了地使别人知道指的是什么概念；二是书写简便。自觉地引入符号体系的是法国数学家韦达（公元1854—1603年）。而现代数学符号体系却采取笛卡儿（公元1596—1650年）使用的符号，欧拉（公元1707—1783年）为符号正规化普及做出不少贡献。如用a、b、c表示三角形ABC的三边等等，都应归功于欧拉。

数学符号——地球人都知道

数学中的符号越来越多，往往被人们错误地认为数学是一门难懂而又神秘的科学。当然，如果不了解数

学符号含意的人，当然也就看不懂数学。唯有进了数学这扇大门才能真正体会到数学符号给数学理论的表达和说理带来的神奇力量。

想一想，符号真有趣。地球上不同地区采用了不同的文字，“十里不同风，八里不同俗”，唯独数学符号成了世界的通用语言。因此为了学好几何，必须加强几何符号语言的训练。

如何理解几何符号

首先是要彻底理解每一个几何符号的含意。

例如符号A、B、C……单独看它们，只是一些字母，没有任何几何意义。但如果分别在它们前面或后面加上“点”字，如·*A*、·*B*、·*C*才能表示几何含义。又如符号∠*ABC*和△*ABC*表示不同的几何图形，前者表示角，后者表示三角形。显然，要真正了解一个几何符号，必须首先理解相应的几何概念。

正确书写几何符号

数学符号大多是经过长期发展而形成的。有些符号甚至经历过五花八门的变化。如减号，数学家丢番图用符号“↑”表示，后人又用字母m（minus）表示，到15世纪才确认用符号“-”表示。因此，一个好的数学符号经历了适者生存的规律考验。对这些数学符号（包括几何符号）都要严格按标准书写。要知道书写几何符号是叫人容易看懂，不是叫人去猜谜语。

不能想当然自造几何符号

我们现在所学所用的几何符号已经得到了人们的公认，成了世界通用的符号，一般是不能随意变动的。对于没有的符号也不能随便臆造，如“∠”表示锐角，“∟”表示直角，似乎很有意义，然而真正用起来就会产生许多不便之处，说明这种符号的引入没有必要，也不可行。

不随意创造新的几何符号，并不是要大家一味墨守成规。事实上，新的数学知识产生，必然有新的符号出现。大科学家爱因斯坦在他的遗稿中就有不少新的符号，至今尚未被破译，不知道他说了些什么，如果他生前公布了他研究的新成果，说不定这些符号也就此出世了。但是，作为学生不要想入非非，重要的是要打好基础。

拓展阅读

几何文字语言、几何图形语言和几何符号语言三者都是几何语言，在学习或研究几何中都很重要，缺一不可，因此就存在着它们间“互译”的问题。只有理解几何语言，才能正确互译。

神秘的0.618

2000多年前，古希腊雅典学派的第三大算学家欧多克斯首先提出了黄金分割这一说法。欧多克斯是公元前4世纪的希腊数学家，他曾研究过大量的比例问题，并创造了比例论。在研究比例的过程中，他又发现了“中外比”，也就是现在所说的“黄金分割”。

这就是“黄金分割”

有两条完全等同的黄金，每一条都分割成两部分。一条割下它的0.618倍，另一条割下它的0.618的0.618倍。把割下来的部分放在一起，剩余的部分放在一起，究竟是哪边多?

解答：设每条金条都为χ（重量为χ，若均匀粗细，也可理解为长度为χ），则 $0.618\chi+(0.618)^2\chi=0.618(1+0.618)\chi=\chi$

由此可见，割下的部分放在一起，正好等于一整条金条。这种分割黄金的办法，在几何里有一个专用的名称，叫“黄金分割”。

黄金分割——完美的化身

“中外比”在造型艺术中具有美学价值：希腊雅典的巴特农神庙其高与宽的比完全符合“中外比”；达·芬奇的《维特鲁威人》符合“中外比”；《蒙娜丽莎》的脸符合“中外比”；《最后的晚餐》同样也应用了“中外比”来布局。“中外比”在实际生活中的应用也非常广泛，例如报幕员并不是站在舞台的正中央，而是台上偏左或偏右一点。

正因为“中外比”在建筑、文艺、工农业生产和科学实验中有着广泛而重要的应用，所以人们才尊敬地称它为“黄金分割”。虽然最先系统研究黄金分割的是欧多克斯，但它究竟起源于何时，又是怎样被发现的呢?

黄金分割的起源

100多年以前，德国的心理学家弗希纳曾精心制作了各种比例的矩形，并且举行了一个“矩形展览”，邀请了许多朋友来参加，参观完了之后，让大家投票选出最美的矩形。最后被选出的四个矩形的比例分别是：5×8，8×13，13×21，21×34。经过计算，其宽与长的比值分别是:0.625、0.615、0.619、0.618。这些比值竟然都在0.618附近。

事实上，大约在公元前500年，古希腊的毕达哥拉斯学派就对这个问题产生了兴趣。他们发现当长方形的宽与长的比例为0.618时，其形状最美。于是把0.618命名为“黄金数”，这就是黄金数的来历。正如前面所说，这是个奇妙的数，正等着你们去探索它的奥妙。

拓展阅读

把二胡的千斤放在哪里，才会拉出最美妙的音乐？把舞台的中心放在何处，才会达到最佳的效果？这是艺术家们经常考虑的问题。但是，数学家们告诉我们，只要放在0.618的位置，就会达到你想要的效果。而且很多事情只要将其放在0.618的位置就能迎刃而解了。看来这个0.618还真是神秘又奇妙。

↓黄金分割在艺术上的应用比比皆是

历史上关于几何的三大难题

在古希腊有一位学者叫安拉克萨哥拉。他提出“太阳是一个巨大的火球”。这种说法现在看来是正确的。然而古希腊的人们更愿意相信神话故事中说的“太阳是神灵阿波罗的化身”。因此他们认为安拉克萨哥拉亵渎了神灵，将其投入狱中，判为死刑。

在等待行刑的日子里，安拉克萨哥拉仍然在思考着宇宙、万物和数学问题。

是谁在“化圆为方”

一天晚上，安拉克萨哥拉看到圆圆的月亮透过正方形的铁窗照进牢房，心中一动，想到如果已知一个圆的面积，怎样做出一个方来，才能使它的面积恰好等于这个圆的面积呢?

看似简单的问题，却难住了安拉克萨哥拉。因为在古希腊，作图只准许用直尺和圆规。

安拉克萨哥拉在狱中苦苦思考着这个问题，完全忘了自己是一个待处决的犯人。后来，由于好朋友、当时杰出的政治家伯利克里的营救，他顺利获释出狱。然而这个问题，他一直都没有解决，整个古希腊的数学家也没能解决，成了历史上有名的三大几何难题之一。

后来，在两千多年的时间里，无数个数学家对这个问题进行了论证，可还是都无功而返。

“神灵”的难题——立方倍积

古希腊有一座名为“第罗斯”的岛。相传，有一年岛上瘟疫横行，岛上的居民到神庙去祈求宙斯神：怎样才能免除灾难？许多天过去了，巫师终于传达了神灵的旨意，原来是宙斯认为人们对他不够虔诚，他的祭坛太小了。要想免除瘟疫，必须做一个体积是这个祭坛两倍的新祭坛才行，而

且不许改变立方体的形状。于是人们赶紧量好尺寸，把祭坛的长、宽、高都增加了一倍，第二天，把它奉献在了宙斯神的面前。不料，瘟疫非但没有停止，反而更加流行了。第罗斯人惊慌失措，再次向宙斯神祈求神谕。巫师再次传达了宙斯的旨意。原来新祭坛的体积不是原来祭坛的两倍，而是八倍，宙斯认为，第罗斯人抗拒了他的意志，因此更加发怒了。

这当然仅仅是传说而已。但是“用圆规和没有刻度的直尺来做一个立方体，使得这个立方体是已知原来的立方体体积的两倍”这一问题，连最著名的数学家也不能解决。

不被允许的答案：三等分角

埃及的亚历山大城在公元前4世纪的时候是一座著名的繁荣都城。在城的近郊有一座圆形的别墅，里面住着一位公主。圆形别墅的中间有一条河，公主居住的屋子正好建在圆心处。别墅的南北墙各开了一个门，河上建有一座桥。桥的位置和北门、南门恰好在一条直线上。国王每天赐给公主的物品，从北门送进，先放到位于南门的仓库，然后公主再派人从南门取回居室。从北门到公主的屋子，和从北门到桥，两段路恰好是一样长。

公主还有一个妹妹，国王也要为小公主修建一座别墅。而小公主提出，自己的别墅也要修得和姐姐的一模一样。小公主的别墅很快动工了。可是工匠们把南门建好后，要确定桥和北门的位置的时候，却发现了一个问题：怎样才能使北门到居室、北门到桥的距离一样远呢？

工匠们发现，最终是要解决把一个角三等分这个问题。只要这个问题解决了，就能确定出桥和北门的位置了。工匠们试图用直尺和圆规作图法定出桥的位置，可是很长时间他们都没有解决。不得已，他们只好去请教当时最著名的数学家，我们已经熟悉的阿基米德。

阿基米德看到这个问题，想了很久。他在直尺上做了一点固定的标记，便轻松地解决了这一问题。大家都非常佩服他。不过阿基米德却说，这个问题没有被真正解决，因为一旦在直尺上做了标记，等于就是为它做了刻度，这在尺规作图法中是不允许的。

拓展阅读

虽然三大几何作图难题都被证明是不可能由尺规作图的方式做到的，但是为了解决这些问题，数学家们进行了前赴后继的探索，最后得到了不少新的成果，发现了许多新的方法。同时，它反映了数学作为一门科学，是一片浩瀚深邃的海洋，仍有许多未知的谜底等待着我们去发现。

为什么蜜蜂用六边形建造蜂巢

蜜蜂是宇宙间最令人敬佩的建筑专家。它们凭借着上天所赐的天赋，采用了“经济原理”：用最少的材料（蜂蜡），建造最大的空间（蜂房）。

最会“计算”的建筑专家

蜂窝是用六角形排列而成。而六角形密合度最高、所需材料最简单、可使用空间最大，其结构致密，各方受力大小均等，且容易将受力分散，所能承受的冲击也比其他结构大。所以在众多形状中六角形是最“完美”的。我们无法猜到蜜蜂到底是怎么想的，但无疑达到了使用最少的材料制作尽可能宽敞的空间的目标。如果蜂巢呈圆形或八角形，会出现空隙，如果是三角形或四角形，面积就会减小。

不可思议的“巢框”

工蜂在巢房中哺育幼虫，贮藏蜂蜜和花粉，蜂巢形成9—14度左右的角度，以防止蜂蜜流出。蜜蜂的生态和蜂巢的结构真是让人吃惊，可以说是自然界的鬼斧神工。可见，且不说仍不为人熟知的蜜蜂世界，仅从蜂巢来看，就可知在自然创造性方面人类智慧是远不及它们的。蜜蜂作为具有优良社会性的昆虫，从比人类历史更悠久的过去一直生存至今、繁衍生息，并为我们带来了蜂蜜、蜂王浆、蜂胶、花粉以及蜂蜡等许许多多的恩惠。在制作巢框的过

↑具有天赋的蜜蜂

程中，蜜蜂的创造性和不可思议之处让我们陷入深思。

全世界的蜜蜂都知道

蜜蜂的蜂窝构造非常精巧、适用而且节省材料。蜂房由无数个大小相同的房孔组成，房孔都是正六角形，每个房孔都被其他房孔包围，两个房孔之间只隔着一堵蜡制的墙。令人惊讶的是，房孔的底既不是平的，也不是圆的，而是尖的。这个底是由三个完全相同的菱形组成。有人测量过菱形的角度，两个钝角都是109°，而两个锐角都是70°。令人叫绝的是，世界上所有蜜蜂的蜂窝都是按照这个统一的角度和模式建造的。

蜂房的结构引起了科学家们的极大兴趣。经过对蜂房的深入研究，科学家们惊奇地发现，相邻的房孔共用一堵墙和一个孔底，非常节省建筑材料；房孔是正六边形，蜜蜂的身体基本上是圆柱形，蜂在房孔内既不会有多余的空间又不感到狭窄。

大自然——数学世界的矿山

数学与自然界之间的联系是多彩又紧密的。来自不同数学领域的对象和形状出现在许多自然现象中，许多自然现象又需要用数学来进行解释。正如约瑟夫·傅里叶所说：“对自然界的深刻研究是数学发现的最丰富来源。”

拓展阅读

了解自然作品的钥匙就是利用数学和科学。伽利略把这一点表达得很清楚，他说：“宇宙是用……数学语言写成的。”数学工具提供了我们用来试图了解、解释和再现自然现象的手段。一个发现引出下一个发现。科学家们感兴趣的外层空间中，六边形的发现又将引出什么呢？只有时间能告诉我们。

↑蜜蜂本能地用六边形建造蜂巢

为什么生物都喜欢螺旋线

大约在2000多年以前，古希腊数学和力学家阿基米德在他的著作《论螺线》中就对平面等距螺线的几何性质做了详尽的讨论。人们称之为“阿基米德螺线”，后来数学家们又发现了对数螺线、双曲螺线、圆柱螺线、圆锥螺线等。

奇妙的螺旋线

螺旋线是一种很奇妙的线，同角一样，无论你把它放大或是缩小，它的形状都不会改变。大自然界中，我们经常可以看到它美丽的身影。最典型的螺旋线当然是河里的螺蛳或海里的各种海螺，它们是螺旋线的正宗“粉丝”，姓名里就带一个“螺”字，而且它们的壳全都是螺旋形的。

大自然给予的“螺旋基因”

牵牛花藤喜欢向右旋转着往上攀爬，这种右旋，数学上称之为顺时针旋转。大部分呈螺旋状上爬的植物是右旋的，少数植物是“左撇子”，比如五味子的藤蔓就是左旋而上。还有很少数的植物“左右开弓”，没有定势。比如葡萄卷住架子攀爬时，它的卷须就是忽左忽右，没什么规律。

向日葵籽以螺旋形状排列在它的花盘上；车前子的叶片不但呈螺旋线状排列，而且其间的夹角为137°30′，只有这样，每片叶子才可能得到最多的

↓牵牛花藤喜欢右旋攀爬

阳光，有利于良好地通风。

牛角和蜗牛壳更奇妙，它们增生组织的几何顺序，竟然是标准的对数螺旋线。这两种动物的壳一部分是旧的，一部分是新的。新的部分长在旧的部分上，新增生出来的每一部分，都是严格地按照原先已有的对数螺旋结构增生，从不改变，形成对数螺旋的形状。

会动的螺旋线

在生活中，我们不只可以看到凝固的螺旋线，还可以观察到动感的螺旋线。

飞蛾一看到自己的死对头蜻蜓、蝙蝠等，马上以螺旋线的方式飞行，敌人被它绕得头晕了，自然不容易捉住它；一只停留在圆柱表面的蜘蛛，要捕捉这个网表面上停留的苍蝇，它不会沿直线距离而上，而是会沿着螺旋线前行；蝙蝠从高处往下飞，会按照锥形螺旋线的路径飞行。从我们所处的银河系来说，周围的星体都是围绕圆心呈螺旋状向外扩展。看来无论是植物还是动物，庞然大物还是肉眼看不见的分子，它们都喜欢螺旋线。

向右旋转的糖分子

在显微镜下，我们可以看到糖分子的几何形状都是右旋的。近些年来，有人合成了左旋糖。这种糖吃起来很甜，却不会产生热量。因为我们的身体只接受存在于自然界的右旋糖，对左旋糖“不认识”，所以对它不“感冒”。所以左旋糖对于患糖尿病类的病人来说，无疑是个福音，既能满足他们吃甜食的欲望，又不会被肌体消化吸收。我们每个人的头发都有一个“旋”，有的还有两个或两个以上。这种旋有的是左旋，有的是右旋。为什么要长成“旋”这个螺旋形状呢？原来，这是老祖宗遗传给我们的“财富”。它可以使雨水顺着一定的方向淌掉，犹如披上了一件蓑衣；而且容易使毛发排列紧密，避免有害昆虫的叮咬。还有人认为，这样可以起到良好的保温作用。

↓很多生物都喜欢螺旋线

为什么说对称才是美

对称通常是指图形或物体对某个点、直线或平面而言，在大小、形状和排列上具有一一对应的关系。在数学中，常把某些具有关联或对立的概念也当作对称。当美和对称紧密相连时，“对称美”便成了数学中的一个重要组成部分。“对称美”是一个涉足很广的话题，在艺术和自然两方面都意义重大，而数学是它的根本形成依据。

对称本身就是一种和谐、一种美。在丰富多彩的物质世界，对于各式各样物体的外形，我们经常可以碰到完美匀称的例子：螺旋对称的植物，在旋转到某一个角度后，沿轴平移可以和自己的初始位置重合；树叶沿茎秆呈螺旋状排列，向四面八方伸展，不致彼此遮挡为生存所必需的阳光。它们引起人们的注意，令人赏心悦目。

对称，大自然的灵性美

每一朵花，每一只蝴蝶，每一枚贝壳都使人着迷；蜂房的建筑艺术，向日葵上种子的排列，以及植物茎上叶子的螺旋状排列都令我们惊讶。仔细的观察表明，对称性蕴含在上述各种事例之中，它从最简单到最复杂的表现形式，都是大自然的基础形式之一。

生物学上的“对称美”

“对称”在生物学上指生物体在对应的部位上有相同的构造，分两侧对称（如蝴蝶）、辐射对称（放射虫、太阳虫等）。我国最早记载的雪花是六角星形的。其实，雪花形状千奇百怪，但又万变不离其宗（六角形），它既是中心对称，又是轴对称。

花朵具有旋转对称的特征。花朵绕花心旋转至适当位置，每一花瓣会占据它相邻花瓣原来的位置，花朵就自相重合。旋转时达到自相重合的最

小角称为元角。这些元角根据花的不同品种而呈现不同角度。例如梅花为72°，水仙花为60°。

很多植物是螺旋对称的，即旋转某一个角度后，沿轴平移可以和自己的初始位置重合。树叶沿茎秆呈螺旋状排列，向四面八方伸展，不致彼此遮挡为生存所必需的阳光。这种有趣的现象叫叶序。向日葵的花序或者松球鳞片的螺线形排列是叶序的另一种表现形式。

俄国学者费多洛夫说“晶体闪烁对称的光辉”，难怪在童话故事中，奇妙的宝石总是交织着温馨的幻境，精美绝伦，雍容华贵。在国王的王冠上，宝石也以其熠熠光彩向世人展现出经久不衰的魅力。

对称美——赖以生存的需要

人具有独一无二的对称美，所以人们往往又以是否符合“对称性”来审视大自然，并且创造了许多具有美感的“对称性”艺术品，例如服饰、雕塑和建筑物。

我们说对称性对于人而言，不仅仅是外在的美，也是健康和生存的需要。如果人只有一只眼睛，那么所看到的视野不仅会缩小，对目标距离的判断不精确，而且对物体形状的认知也会发生扭曲；如果一只耳朵失聪，对声源的定位就会不准确。那些靠听觉在野外生存的动物，一旦失去了声源的定位能力，就意味着生命随时会受到威胁。对于花朵，如果花冠的发育失去对称性，雄蕊就会失去授粉能力，从而导致物种的绝灭。

善于发现对称美

亚里士多德说：虽然数学没有明显地提到善和美，但善和美也不能和数学完全分离。因为美的主要形式就是秩序、匀称和确定性，这些正是数学所研究的原则。

我们应该努力去发现对称美，探索对称美。就像一位物理学家所说：如果一个理论它是美的，那它一定是个真理。

对称美也给科学家们提供了无限想象的空间，利用对其的研究，他们可以进一步认识生命活动的本质，发现更多存在于自然界的美。

拓展阅读

丰富多彩的几何形状对称美同样存在于海洋——轴对称可见于蛤蛤等贝壳、古生代的三叶虫、龙虾、鱼和其他动物身体的形状；而中心对称则见于放射虫类和海胆等。见过贝壳的人都知道，在贝壳里有众多类型的螺线，像鹦鹉螺化石展现的就是等角螺线；海狮螺和其他锥形贝壳为我们展示了三维螺线。

无尽相似的艺术

我们在学校里学习的可以说都是经典几何学，以规则且光滑的几何图形，如球面、双曲面、马鞍面、花瓶表面等几何图形为研究对象。但自然界中大量存在的事物或数学模型却是极不规则、极不光滑的。如山峦、河流里的旋涡、海岸、云朵及土地龟裂的裂纹、玻璃窗上的冰花等。这些图形使传统的几何学和古典数学显得有些束手无策。

大自然与数学界的几何图形

当你漫步在海滩时，你可曾想过海岸线有多长吗？冬天，当雪花落下来时，你可曾留心过每片雪花的轮廓曲线是什么样的吗？这些不规则，但又很常见的图形，虽不会引起常人的重视，但这些问题在当代数学家芒德勃罗的眼中却有着不同的意义。他根据长期观察分析、收集与总结，创立了分形几何，很快，就引起了许多学科的关注，这是由于分形几何不仅在理论上，而且在实际生活中都具有重要价值。

什么是分形几何

分形几何是一门边缘学科，有着极其广泛的应用。比如，近年在研究治疗癌症的过程中，人们认为癌具有自相似性。癌细胞发育停滞，而分裂速度异常快，不规则、不协调，一片

拓展阅读

分形几何也给艺术创作增添了新的活力。利用分形理论，计算机可绘制出扑朔迷离、变幻莫测的分形图形，从山峦、湖泊、云海、森林，到童话世界、外星景物，几乎无所不能。分形图案不仅可以直接用以绘画，还可以使用于电影特技、动画制作等方面，在国外应用已十分普遍。

混乱，在“癌区”存在着“癌变分形元”。研究人员设法促进癌的分化发育，以突破滞点。目前许多药物与疗法正是根据这一原理进行的。

在上世纪70年代中期以前，芒德勃罗一直使用英文fractional一词来表示他的分形思想。因此，取拉丁词之头，采英文之尾的fractal，本意是不规则的、破碎的、分离的。芒德勃罗是想用此词来描述传统几何学所不能描述的一大类复杂无章的几何对象。例如，弯弯曲曲的海岸线、起伏不平的山脉、粗糙不堪的断面、变幻无常的浮云、九曲回肠的河流、纵横交错的血管、令人眼花缭乱的满天繁星等。它们的特点是，极不规则或极不光滑。直观而粗略地说，这些对象都是分形几何体。

分形几何的意义

中国著名学者周海中教授认为：分形几何不仅展示了数学之美，也揭示了世界的本质，还改变了人们理解自然奥秘的方式；可以说分形几何是真正描述大自然的几何学，对它的研究也极大地拓展了人类的认知疆域。

分形几何学作为当今世界十分风靡和活跃的新理论、新学科，它的出现，使人们重新审视这个世界：世界并非线性的一成不变，分形无处不在。分形几何学不仅让人们感悟到科学与艺术的融合，数学与艺术审美的统一，而且还有其深刻的科学方法与意义。

↑无尽相似的艺术

动物中的图形“天才”

别以为只有我们人类才会作图，动物中的作图高手多着呢。

动物界的图形“天才”

丹顶鹤总是成群结队迁飞，而且排成“人”字形。“人”字形的角度是110度。更精确的计算还表明“人”字形夹角的一半——即每边与鹤群前进方向的夹角为54度44分8秒！而金刚石结晶体的角度正好也是54度44分8秒！这是巧合还是某种大自然的“默契”？

蜘蛛结的“八卦”形网，是既复杂又美丽的八角形几何图案，人们即使用直尺和圆规也很难画出像蜘蛛网那样匀称的图案。

冬天，猫睡觉时总是把身体抱成一个球形，因为球形使身体的表面积最小，从而散发的热量也最少。

自己造“产房”的高手

桦树卷叶象虫要“生产”了，它们会制作圆锥形的“产房”。雌象虫爬到距叶柄不远的地方，用锐利的双颚咬透叶片，再往后退咬出第一道弧形裂口。然后爬到树叶的另一侧，咬出弯度小些的曲线。最后，它回到开头的地方，把下面的一半叶子卷成细细的锥形圆筒，卷上5—7圈；把另一半叶子朝相反的方向卷成锥形圆筒。于是，结实的产房就做成了，桦树卷叶象虫钻了进去，安心产卵。

独特的“夜视眼睛”

夜晚时我们人类都不太能看得清事物，而猫、狗以及老虎、狮子等夜行动物却仍能外出捕猎，这是什么原因呢？原来，它们的眼球后面的视网膜是由圆柱形和圆锥形细胞组成的。圆柱形细胞适于弱光下感觉物体，圆锥形细胞则适合强光下感觉物体。夜行动物视网膜中圆柱细胞占绝对优

势，夜里虽然光线极弱，但它们仍然看得清楚。

角度与猎物

老鹰从空中俯冲下来，总是采取一个最佳角度扑击它的猎物。壁虎在捕食蚊子等小昆虫时，总是沿螺旋形曲线爬行。鼹鼠这个超级近视眼挖掘地道时，总能沿着90°转弯。

看看，动物中的“图形”天才们的手艺不错吧，简直是巧夺天工，某些方面我们的建筑师也许都会自叹不如呢。

拓展阅读

真正的数学“天才”其实是珊瑚虫。珊瑚虫在自己身上记下“日历”。它们每年在自己的体壁上“刻画”出365条斑纹，显然是一天“画”一条。奇怪的是，古生物学家发现3亿5千万年前的珊瑚虫每年“画”出400幅“水彩画”。天文学家告诉我们，当时地球一天仅21.9小时，一年不是365天，而是400天。

↓按天“画”纹的数学“天才”——珊瑚虫

勾股定理——几何学中一明珠

勾股定理是几何学中的明珠之一。它是初等几何中最精彩、最著名和最有用的定理。在从古巴比伦至今的悠悠4000年的历史长河里，它的身影若隐若现。许多重要的数学、物理理论中都能发现它的踪迹，甚至连邮票、诗歌、散文、音乐剧中也能看到它的身影。

几何学中的一明珠

千百年来，对勾股定理进行证明的人有著名的数学家，也有业余数学爱好者，有普通的老百姓，也有尊贵的政要权贵，甚至有国家总统。也许是因为勾股定理既重要又简单，更容易吸引人，才使它成百次地反复被人论证。在一本名为《毕达哥拉斯命题》的勾股定理的证明专辑里，收集了367种不同的证明方法。实际上还不止于此，有资料表明，关于勾股定理的证明方法已有500余种，仅我国清末数学家华蘅芳就提供了20多种精彩的证法。这是任何其他定理无法企及的。

在数百种证明方法中，有的十分精彩，有的十分简洁，有的因为证明者身份的特殊而非常著名。据说勾股定理的两个最为精彩的证明，分别来源于中国和希腊。

拓展阅读

勾股定理应用非常广泛。我国战国时期《路史后记十二注》就提到过，大禹为了治理洪水，根据地势高低，决定水流走向，因势利导，使洪水注入海中，不再有大水漫溺的灾害。这是应用勾股定理的结果。勾股定理在我们生活中也得到很大的运用。比如屋顶构造，就可以用勾股定理来计算；设计工程图纸也要用到勾股定理。物理上也有广泛应用，例如求几个力，或者物体的合速度，运动方向等都可以用到勾股定理。

中国人："商高定理"

在我国，人们称它为勾股定理或商高定理。

商高是公元前11世纪的中国人。当时中国的朝代是西周，处于奴隶社会时期。《周髀算经》中记录着商高同周公的一段对话。

周公问商高：天的高度和地面的一些测量的数字是怎么样得到的呢？

商高说：那要用"勾三股四弦五"。

那么什么是"勾、股"呢？在中国古代，人们把弯曲成直角的手臂的上半部分称为"勾"，下半部分称为"股"。商高答话的意思是：当直角三角形的两条直角边分别为3（短边）和4（长边）时，径隅（就是弦）则为5。以后人们就简单地把这个事实说成"勾三股四弦五"。由于勾股定理的内容最早见于商高的话中，所以人们就把这个定理叫作"商高定理"。

希腊人："百牛定理"

欧洲人称这个定理为毕达哥拉斯定理。毕达哥拉斯是古希腊数学家。希腊另一位数学家欧几里得在编著《几何原本》时，认为这个定理是毕达哥达斯最早发现的，因而国外一般称之为"毕达哥拉斯定理"。又据说毕达哥拉斯在完成这一定理证明后欣喜若狂，杀牛百只以示庆贺，因此这一定理还又获得了一个带神秘色彩的称号："百牛定理"。

知识链接

尽管希腊人称勾股定理为毕达哥拉斯定理或"百牛定理"，而法国、比利时人又称这个定理为"驴桥定理"。但据推算，他们发现勾股定理的时间都比我国晚。我国是世界上最早发现勾股定理这一几何宝藏的国家。

↓勾股定理

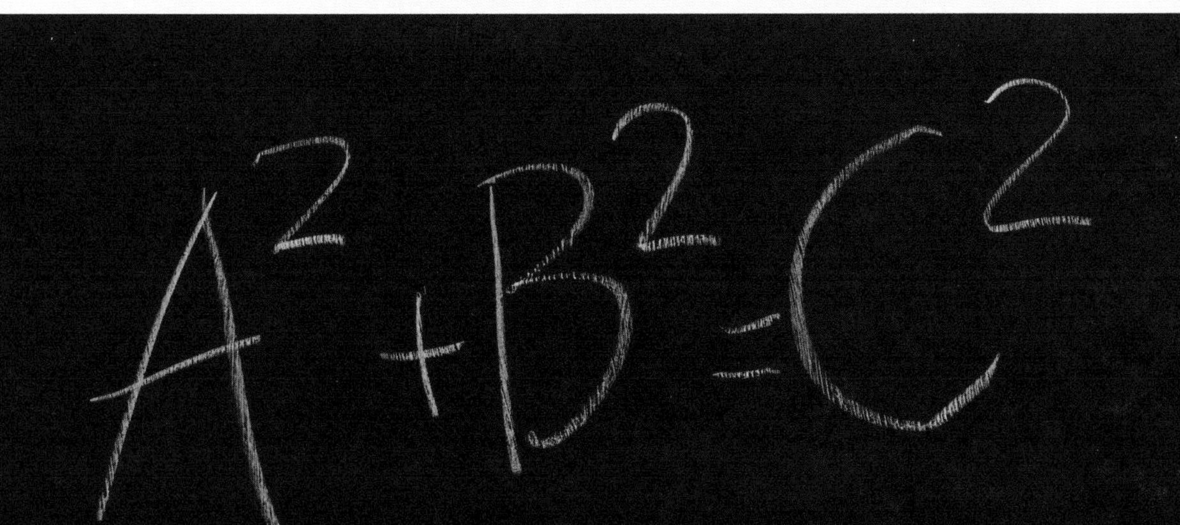

神奇的世界

第六章

魔术师的秘密——概率与统计

大千世界，人们所遇到的现象有两类：一类是确定现象；另一类是随机而发生的不确定现象。这类不确定现象也叫随机现象。正是因为这种不确定现象，人们才发现了数学中又一个分支——统计和概率。现实生活中，统计与概率的运用变得十分广泛，且与人们的生活密切相关。因此，统计与概率在数学中占据着重要的地位。在学好数学的同时，也要学好统计与概率。

概率与“赌徒之学”

说到概率论，不得不提到费马，他与笛卡尔共同创立了解析几何，创造了作曲线切线的方法，被微积分发明人之一牛顿奉为微积分的思想先驱；他通过提出有价值的猜想，指明了关于整数的理论——数论的发展方向。他还对掷骰子赌博的输赢规律进行了研究，从而成为古典概率论的奠基人之一。

概率“创始人”——巴斯卡尔与费马

巴斯卡尔和费马是法国的两个大数学家。

巴斯卡尔认识两个赌徒，这两个赌徒向他提出了一个问题。他们说，他俩下赌金之后，约定谁先赢满5局，谁就获得全部赌金。赌了半天， A赢了4局， B赢了3局，时间很晚了，他们都不想再赌下去了。那么，这个钱应该怎么分？

是不是把钱分成7份，赢了4局的就拿4份，赢了3局的就拿3份呢？或者，因为最早说的是满5局，而谁也没达到，所以就一人分一半呢？

这两种分法都不对。正确的答案是：赢了4局的拿这个钱的3/4，赢了3局的拿这个钱的1/4。为什么呢？假定他们俩再赌一局，或者 A赢，或者B赢。若是 A赢满了5局，钱应该全归他；A如果输了，即 A、 B各赢4局，这个钱应该对半分。现在，A赢、输的可能性都是1/2，所以他拿的钱应该是$1/2\times1+1/2\times1/2=3/4$。当然，B就应该得1/4。

通过这次讨论，开始形成了概率论当中一个重要的概念——数学期望。数学期望是一个平均值，就是对将来不确定的钱今天应该怎么算有一套系统的算法。这就要用 A赢输的概率1/2去乘上他可能得到的钱，再把它们加起来。

概率论从此就发展起来，今天已经成为应用非常广泛的一门学科。

什么是“点背”

生活中我们常听见别人说“点背”，那么什么是“点背”呢？普遍认为，人们对将要发生的概率总有一种不好的感觉，或者说不安全感，就叫“点背”。下面这些有趣的现象常发生在生活中，形象描述了有时人们对概率存在的错误的认识：

六合彩：在六合彩（49选6）中，一共有13983816种可能性。普遍认为，如果每周都买一个不相同的号，最晚可以在13983816/52（周）=268919年后获得头等奖。事实上这种理解是错误的，因为每次中奖的概率是相等的，中奖的可能性并不会因为时间的推移而变大。

轮盘游戏：在这个游戏中，玩家通常会想既然连续出现多次红色后，那么出现黑色的概率一定会越来越大。这种判断也是错误的，因为球本身并没有“记忆”，它不会意识到以前都发生了什么，它只能“随机”、“偶然”，其概率始终是18/37。

概率由谁决定

“概率”就是一件事情发生的可能性有多大的问题，寻找隐藏在偶然后面的规律。比如说抛一枚硬币，如果只抛几次，它落地时正面或是背面朝上是偶然的，但是如果抛很多次后，就会呈现一定的规律性。

有一个问题：当一个赌徒在赌博中连赢了9次，他第10次是输还是赢？

一般来说，这个问题有两种答案：有些人会认为，这个赌徒正走运呢，一定会赢，这就是打牌的人常说的“手气好”；而另一些人则认为，他应该要输了，这样输赢才能平衡。反过来说，假如这个赌徒连输9次，他第10次赢的机会是多少？同样的，有人会认为“他正走霉运”呢，下次也不例外，肯定输；而有人会认为，“他的运气该变了”，应该要赢了，他不可能一直输。

这样的事例还有很多。一对生了5个女儿的夫妇，在计划生第6胎时，可能会想，前面5个都是女儿，这第6个该是男孩了吧。但是，也有人会认为，这对夫妇就是生女儿的命，第6个肯定还是女儿。

从上面的事例中，我们可以看出，针对一件经常出现的事将来可能再次出现的概率有两种观点：一种是

↓概率与“赌徒之学”

↑赌场的赌徒

认为前面经常发生的事，后面仍会发生。从理论上来说，这种观点是错误的。比如我们抛掷一枚硬币，前3次都是正面朝上，这时我们不能肯定第4次还是如此，因为正面和反面出现的概率各占了1/2。但在生活中，这种情况倒有可能发生。假如这枚硬币连抛10多次都是同一面朝上，我们有理由相信这枚硬币有问题，可能是不均匀造成的，就像不倒翁，怎么扔它都会偏向重的那端。

概率与赌徒学

1873年，在赌城蒙特卡罗，一家名为“纯艺术”的赌场发生了一件让他们终生难忘的事。一名叫约瑟夫·贾格斯的英国工程师连续4天在这个赌场里押轮盘赌，赢了30万美元。难道是他会作弊或会预测吗？原来，贾格斯在赌之前，先让他的助手提前一天到赌场，记录下当天出现的所有数字。经过仔细研究，贾格斯发现，第六台轮盘赌机上有9个数字被选中的概率远远高出一般其他数字。于是第二天他专门在那台赌机上押那9个数字，以后的几天都是如此。为什么这9个数字出现的频率高呢？因为那台轮盘机上有一条小裂缝。正是这条裂缝让那9个数字“频繁出镜”。

不过，从那以后，蒙特卡罗赌场里的轮盘赌机每天都要由专业的质量管理人员检查调试，确保所有数字被选中的概率相同。

虽然对于赌博、买彩票或具体的某一件事去猜测下一次会怎样是毫无意义的，但我们可以从总体上去分析将来可能出现的概率。由于有这段与赌徒的渊源，有人笑称概率论为“赌徒之学”。而一门数学上的分支——概率论就这样诞生了。

初识统计学

统计学教学在世界范围内进入中小学的时间还很短，还没有成为学校数学教学的一个重要分支。但是，随着市场经济替代计划经济之后，生活已先于数学课程把统计学推到了同学们的面前。高新技术、大量信息使人们面临着更多的机会与选择，常常要在不确定的情境中，根据大量无组织的数据进行收集、整理和分析。

统计学，最实用的学科

从物理和社会科学到人文科学，甚至工商业及政府的情报决策，统计学被广泛地应用于各门学科。在科技飞速发展的今天，统计学进入了快速发展时期，它广泛吸收和融合相关学科的新理论，不断开发应用新技术和新方法，深化和丰富了它的理论与方法，并拓展了新的领域。今天的统计学已展现出其强有力的生命力。

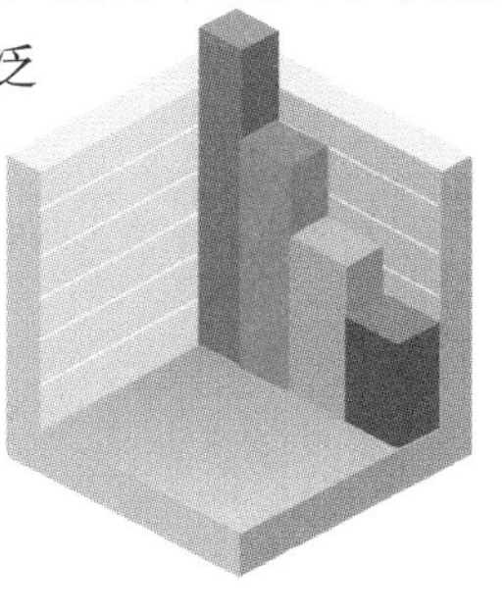

←统计学常用图示

当你漫步在森林公园或在水库边领略风光的时候，你是否知道森林中的树有多少棵，水库里到底有多少条鱼？这些都无法具体去数、具体去量。而当我们必须知道某一无法具体测量的事物的量时，就需要用一种可行的数学方法来计算。这就是统计学，也称为数理统计。

数理统计是现代数学中一个非常活跃的分支，它在20世纪获得了巨大的发展和迅速普及，被认为是数学史上值得提及的大事。然而它是如何产生的呢？

统计学的诞生

英国地质学家莱伊尔根据各个地层中的化石种类和现在仍在海洋中生活的种类作出百分率，然后定出更新世、上新世、中新世、始新世的名称，并于1830—1833年出版了三卷

《地质学原理》。这些地质学中的名称沿用至今，可是他使用的类似于现在数理统计的方法，却没有引起人们的重视。

生物学家达尔文关于进化论的工作主要是生物统计方面的，他在乘坐“贝格尔号”军舰到美洲的旅途上带着莱伊尔的上述著作，两者看来不无关系。

从数学上对生物统计进行研究的第一人是英国统计学家皮尔逊，他曾在剑桥大学数学系学习，然后去德国学物理，1882年任伦敦大学应用数学力学教授。

1891年，他和剑桥大学的动物学家讨论达尔文自然选择理论，发现他们在区分物种时用的数据有“好”和“比较好”的说法。于是皮尔逊便开始潜心研究数据的分布理论，他借鉴前人的做法，并大胆创新，其研究成果见诸于其著作《机遇的法则》。其中提出了“概率”和“相关”的概念。接着又提出“标准差”“正态曲线”“平均变差”“均方根误差”等一系列数理统计的基本术语。这些文章都发表在进化论的杂志上。

直至1901年，他创办了杂志《生物统计学》，使得数理统计有了自己的阵地。这可以说是数学在进入20世纪初时的重大收获之一。

平常却不平凡的统计应用

近几十年来，数理统计的应用越来越广泛。

在社会科学中，选举人对政府意见调查、民意测验、经济价值的评估、产品销路的预测、犯罪案件的侦破等，都有数理统计的功劳。

在自然科学、军事科学、工农业生产、医疗卫生等领域，哪一个门类能离开数理统计？

具体地说，与人们生活有关的如某种食品营养价值高低的调查；通过用户对家用电器性能指标及使用情况的调查，得到全国某种家用电器的上榜品牌排名情况；一种药品对某种疾病的治疗效果的观察评价等都是利用数理统计方法来实现的。

飞机、舰艇、卫星、电脑及其他精密仪器的制造需要成千上万个零部件来完成，而这些零件的寿命长短、性能好坏均要用数理统计的方法进行检验才能获得。

在经济领域，从某种商品未来的销售情况预测，到某个城市整个商业销售的预测，甚至整个国家国民经济状况预测及发展计划的制定都要用到数理统计知识。

数理统计用处之大不胜枚举。可以这么说，现代人的生活、科学的发展都离不开数理统计。从某种意义上来讲，数理统计在一个国家中的应用程度标志着这个国家的科学水平。

难怪在谈到数理统计的应用时，有人称赞它的用途像水银落地是无孔不入的，这恐怕并非言过其实。

百枚钱币鼓士气

狄青是北宋名将，出身贫寒，从小胸怀大志。16岁那年，开始了他的军旅生涯。他骁勇善战，当了低级军官后，常常充当先锋，带领士兵冲锋陷阵。他每次作战时都披头散发，戴着铜面具，一马当先，所向披靡。在4年时间里，参加了大小25次战役，身中8箭，但从不畏怯。由于狄青屡立战功，被提升为将军。

百枚钱币面朝上

北宋皇祐年间，广西少数民族首领侬智高起兵反宋，自称仁惠皇帝，招兵买马，攻城掠地，一直打到广东。朝廷几次派兵征讨，均损兵折将，大败而归。此时，狄青自告奋勇，上表请行。宋仁宗十分高兴，任命他为讨伐侬智高的主帅，并在垂拱殿为狄青设宴饯行。

由于前几次征讨失败，士气低落，如何振奋士气便成了问题。为了克服兵将们的畏敌情绪，狄青想出了一个办法。他率官兵刚出桂林之南，就到神庙里拜神，祈求神灵保佑。他拿出100枚铜钱，当着全体官兵的面向上苍祝告：“如果上天保佑这次一定能打胜仗，那么我把这100枚钱扔到地上时，请神灵使钱面全都朝上。”左右的官员都很担心，怕弄不好反而会影响到士气，劝狄青不要这样做。但狄青没有理睬，在众目睽睽下，扔下了100枚铜钱。待铜钱落地，众人便迫不及待地上前观看。不可思议的是，百枚铜钱竟真的全部正面朝上。

官兵见神灵保佑，顿时欢呼雀跃，军心大振。狄青当即命令左右侍

↓百枚钱币鼓士气

从，拿来100根铁钉，把铜钱原封不动地钉在地上，盖上青布，亲自封好，说："等我们打了胜仗回来，再来感谢神灵。"然后带领官兵南进，与侬智高决战，结果大败侬智高，"追赶五十里，斩首数千级"，俘获侬智高的主将57人。侬智高逃到云南大理，后来死在那儿。

概率"魔术师"

在狄青扔钱之前，发下话要使钱币全部正面朝上。他的左右官员都很担心，这是有道理的。当我们扔下1枚钱时，钱面可能朝上，也可能朝下，有两种不同的结果。也就是说，扔1枚钱时，正面朝上的可能性有1/2。当扔2枚钱时，钱面朝上或朝下就会有4种结果：或者2枚都面朝上，或者2枚都面朝下，或者1枚面朝上另1枚面朝下，或者另1枚面朝上1枚面朝下，那么，同时两枚都朝上有1/4的可能性。同理，扔3枚钱时，钱面全部朝上有1/8的可能性；扔4枚钱时，钱面全部朝上有1/16的可能性……扔100枚钱时，钱面全部朝上的可能性几乎为0。也就是说，要使100枚钱币扔下去全部朝上几乎是不可能的事，所以狄青的官员们的担心是有道理的。要使钱面全部朝上，那真的要靠神灵庇佑。没想到这种可能性微乎其微的事居然发生了，难怪官兵们要欢呼雀跃，认为必打胜仗无疑。

这种可能性的计算实际上就是被称为"概率"。

在概率论的发展过程中，很多知名的数学家都做过掷钱币的实验。他们反复掷一枚钱币，计算正面出现的次数。结果发现，正面出现的可能性确实接近于1/2。下面是他们记录下的数据：

实验人	投掷次数	出现正面次数	频率（出现正面次数/投掷次数）
狄摩更	2048	1061	0.5181
布　丰	4040	2048	0.5069
皮尔逊	4083	2048	0.5016
皮尔逊	2400	1201	0.5006

从以上表格可以看出，掷1枚钱币时正面出现的机会是1/2。不信你也可以拿硬币去试试。不仅是1枚，而且可以试试多枚硬币出现正面向上的机会是多少。

拓展阅读

狄青掷的铜钱全部正面朝上是否真的是神灵在保佑呢？当狄青凯旋，回到出发时祈祷的神庙时，钱币还好好地封存在那儿。狄青揭开青布，命人把100枚钉子拔起，他的部下才发现，原来这些铜钱都是狄青特制的，两面都铸的是正面！难怪狄青胸有成竹，因为这些钱一定会全部正面朝上。他只是利用了人们迷信鬼神的心理，机智地使用了一个心理计策，以此来鼓舞士气而已。

电脑真的知道你的命吗

我们经常可以在街头看到电脑算命，围观的人还挺多。只要将你出生的年、月、日、时以及性别等信息输入电脑，不一会儿，屏幕上就会出现和你的性格、命运有关的句子，然后告诉你这就是你的“命”。而现在的网络上，到处都可以见到类似的游戏。只要你输入“免费算命”等类似的词进行搜索，很快就会出来一大堆与之相关的网页。点击进入相关的页面，根据提示输入姓名等，也会出现你所需求的各种“命理”资料。有人会觉得很神秘，甚至认为其说的就是自己。

什么是抽屉原理

抽屉原理又称鸽笼原理或狄利克雷原理，它是数学中证明存在性的一种特殊方法。抽屉原理有时也被称为鸽巢原理（如果有五个鸽子笼，养鸽人养了6只鸽子，那么当鸽子飞回笼中后，至少有一个笼子中装有2只鸽子）。它是德国数学家狄利克雷首先明确地提出来并用以证明一些数论中的问题，因此，也称为狄利克雷原理，是组合数学中一个重要的原理。

举个最简单的例子，把10个苹果放到9个抽屉里去。无论怎么去放，我们总能找到其中一个抽屉里至少放两个苹果，这一现象就是我们所说的抽屉原理。

如果每一个抽屉代表一个集合，那每一个苹果就代表一个元素。如果用n代表抽屉数的话，那么有n+1或比n+1多的苹果要放到n个抽屉里，就相当于有n+1或比n+1多元素要放到n个集合里去。那么，其中必定至少有一个集合里至少能放进2个元素。这就是抽屉原理。

再举个例子，如果我们到大街上任意拉13个人，其中必定至少有两个人的属相相同。为什么呢？因为属相只有12种，其中多出来的一个人必定与这12种的某一个人重复。

↑电脑有那么神通吗

那么，如果苹果不止多出一个呢？

抽屉原理之二就是：把多于m×n个物体放到n个抽屉里，则至少有一个抽屉有m+1个或多于m+l个的物体。

比如我们有21（5×4+1）本书，要放到4个抽屉里，根据这个原理，那么至少可以找到一个抽屉里放6（5+1）本书的情形。

你的命由电脑随手抓阄而来

现在我们再回头看看电脑算命。

如果我们以70年来计算，按照出生的年、月、日、性别的不同组合，那么这个数应该为70×365×12×2=613200，我们把它作为“抽屉”数。我国现在13亿多人口，就算以13亿计，把它作为“物体”数，那么根据原理二：1300000000=2120×613200+16000。也就是说，13亿人口中存在2120个以上的人和你的“命运”相同，而出身、经历和天资、机遇、环境却并不相同，这可能吗？

其实，所谓的“电脑算命”就是人为地根据出生年、月、日、性别的不同，把编好的程序（算命语句）像放入中药柜子一样一一对应放在各自的柜子里。谁要算命，即根据生辰性别的不同编码，机械地到电脑的各个“柜子”里取出所谓命运的句子。

明白了这个道理，你还会相信电脑算命吗？

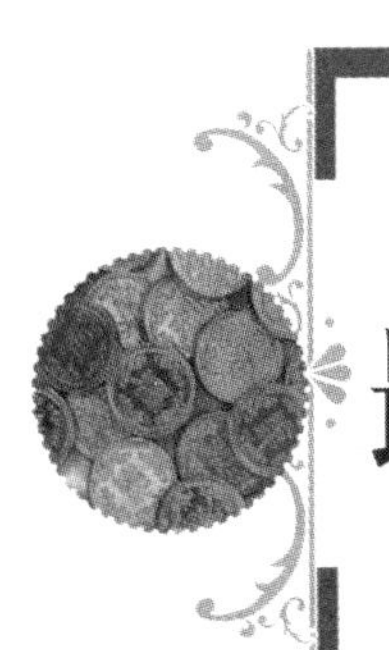

最高分和最低分——输赢的概率

在歌唱比赛中，评委们所亮出的分数，按评分规则都是要去掉一个最高分与一个最低分，之后取到的分数的平均值来作为参赛者的最后得分。不知道你想过没有，为何要去掉最高分与最低分呢？

例如一个同学唱完之后，六个评委中的评分是9.00、9.50、9.55、9.60、9.75、9.90（10分为满分）。去掉最高分9.90与最低分9.00之后，把其余4个分数平均，这位同学的最后得分便是（9.50＋9.55＋9.60＋9.75）÷4＝9.60分。

为何要去掉最高分和最低分

为何要去掉最高分与最低分呢?这样是为了剔除异常值来减少对正确评分的影响。异常值是指过高或者过低的分数，一般是因为裁判的疏忽或者欣赏兴趣的取向，甚至是有意的褒贬而造成的。所以去掉最高分与最低分是很合理的。

概率中的中位数

在数学中有时中位数要比平均数更能够反映出平均水平。那么什么是中位数呢?

有10个人参加了考试，有2位旷考算0分，10个人得分依次是0、0、65、69、70、72、78、81、85与89。那么它的平均数是（0＋0＋65＋69＋70＋72＋78＋81＋85＋89）÷10＝60.9。得分65的同学，他的分数却超过了平均数，按理说应属于中上水平了。其实并不然，若去掉两名旷考的，他便是倒数第一名。这时候平均数并未真正反映出平均水平来。而两位旷考的0分也不能剔除，因此这时只有取中位数比较合适。中位数就像它的名字一样，是说位置在中间的那个数。因此上面10个分数中的中位数是（70＋72）÷2＝71。这个分数才是真正的“中等水平”的代表。

左撇子真的更聪明吗

诺贝尔奖获得者斯普瑞博士在研究个体是受左脑还是右脑的控制时，发现受左脑控制的人占多数。简单地说，其特征就是：相对于受右脑控制的人的创造能力，受左脑控制的人更具有逻辑推理能力。

为什么会有左右旋转现象

为什么有的树的树叶是左螺旋形的，有的是右螺旋形的呢？这是个遗传特征吗？左螺旋对右螺旋的比例似乎完全是由随机发生的外来因素所决定的。这个差别也恐怕是受地球绕一个方向自转的影响。这也解释了浴缸中旋涡的原理（当抽水栓排除浴缸中的水时，会产生向左或向右的旋涡）。因此，在良好控制的条件下，北半球发生的旋涡多是逆时针方向的，南半球发生的旋涡多是顺时针方向的。

植物的倾向性本能

左螺旋和右螺旋的现象在植物王国中是非常普遍的。你或许还没有注意到在花园里，同一种植物上的花瓣也是左螺旋和右螺旋排列的。缠绕植物的爬藤有的仅是右螺旋形环绕，有的仅是左方向的。在加尔各答印度统计研究所，研究者企图改变植物的生长习惯，所做的实验以失败告终。看起来这些植物在顽强地抵抗任何这样的尝试。

↓植物的倾向性

拓展阅读

生命有机体的进化，比起D（右旋）分子，更愿意选择L（左旋）分子是自然界中的偶然现象吗？或者是说，左旋分子可能天生地适应于有机体的构造吗？左边倾向或许有什么神秘的力量，这一切还需要人们进行更多的科学探索。

左撇子更富有创造性

如果戴维斯不是热心去寻找左螺旋和右螺旋树木不同的特征，他的研究仅会保留某些学术上的特点。戴维斯花了12年多的时间在一个大种植园中比较了左螺旋和右螺旋树的平均产量。他十分惊奇地发现，左螺旋形树的产量高出右螺旋形树的10%。虽然还不能做出任何解释——这个问题不容易解决，需要进行进一步研究，但这个实验的结论在经济上是很重要的。只选择种植左螺旋形的树木，产量可提高10%！戴维斯继而提出了下面的问题：惯用左手的女性是否比惯用右手的女性更具想象力。森福德公司提供的研究表明，惯用左手的人具有特别的创造力而且长得漂亮。惯用左手的人中引以为豪的著名人物有：本杰明·富兰克林，达·芬奇，爱因斯坦，亚历山大大帝，朱莉阿斯·西撒等。

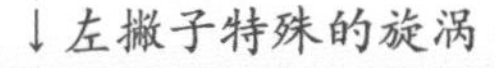
↓左撇子特殊的旋涡

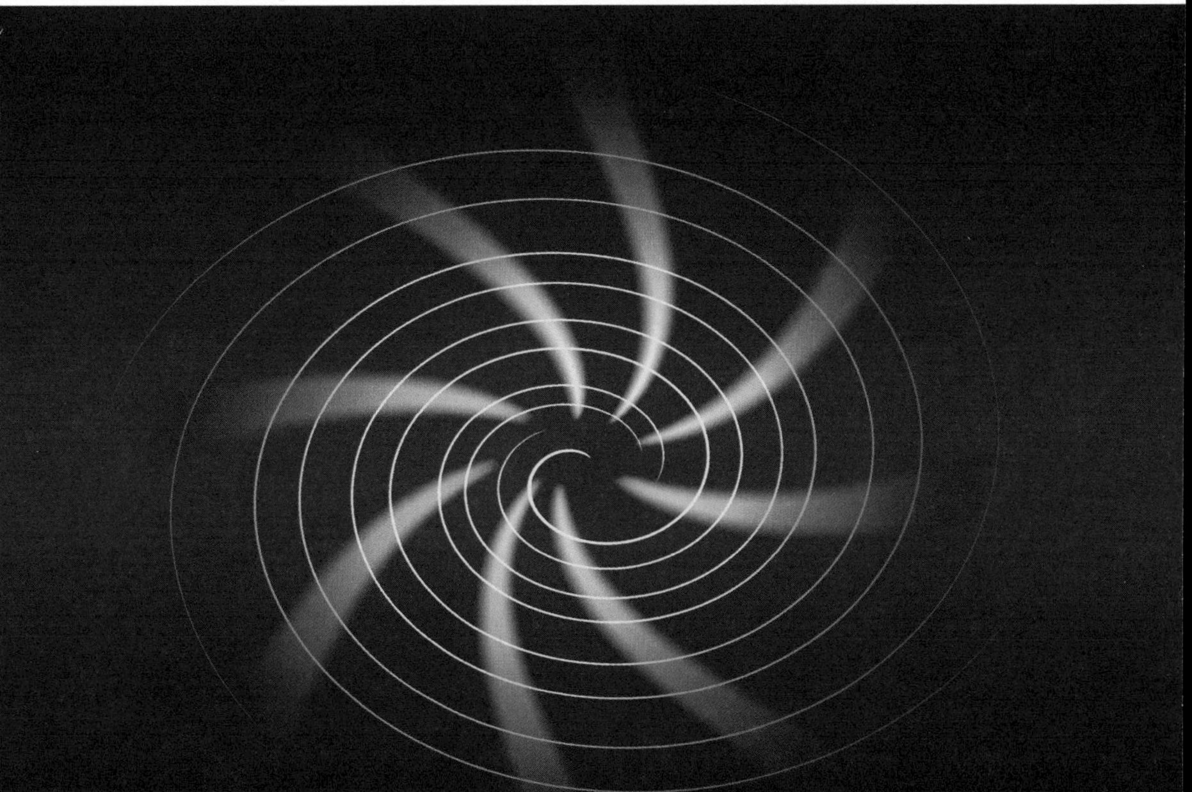

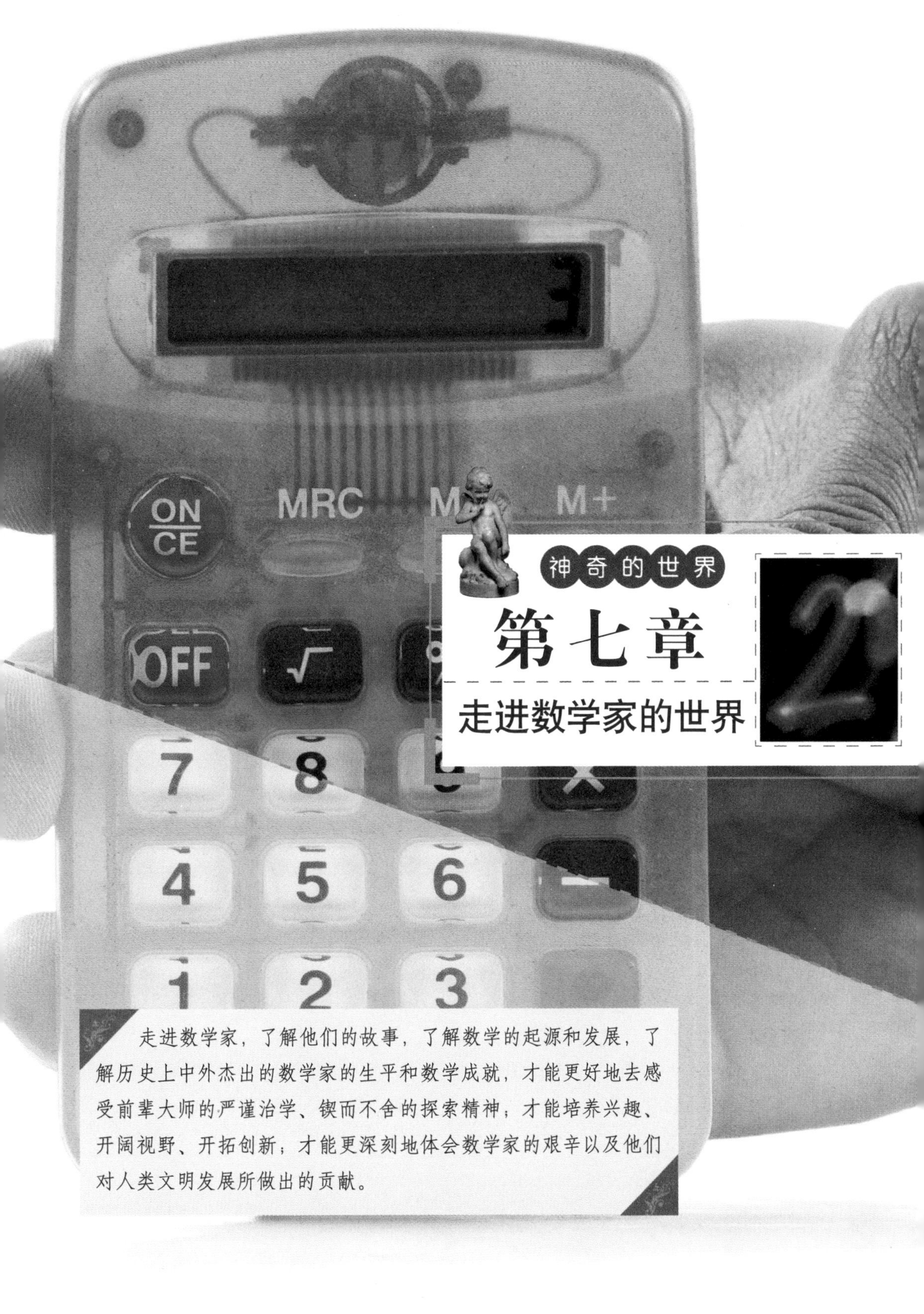

神奇的世界

第七章 走进数学家的世界

走进数学家，了解他们的故事，了解数学的起源和发展，了解历史上中外杰出的数学家的生平和数学成就，才能更好地去感受前辈大师的严谨治学、锲而不舍的探索精神；才能培养兴趣、开阔视野、开拓创新；才能更深刻地体会数学家的艰辛以及他们对人类文明发展所做出的贡献。

中国古典数学奠基者——刘徽

刘徽沿袭我国古代的几何传统，使之趋于完备，形成具有独特风格的几何体系。《九章算术》本身建立了中国古代数学理论的框架，同时也标志着中国古代理论体系的完成。

宝贵的财富

刘徽（约公元225—295年），汉族，山东临淄人，魏晋期间伟大的数学家，中国古典数学理论的奠基者之一。他是中国数学史上一个非常伟大的数学家，他的杰作《九章算术注》和《海岛算经》，是中国最宝贵的数学遗产。刘徽思维敏捷，方法灵活，既提倡推理又主张直观。他是中国最早明确主张用逻辑推理的方式来论证数学命题的人。刘徽的一生是为数学刻苦探求的一生。他虽然地位低下，但人格高尚。他不是沽名钓誉的庸人，而是学而不厌的伟人，他给我们中华民族留下了宝贵的财富。

著名的《九章算术》与《海岛算经》

《九章算术》约成书于东汉之初，共有246个问题的解法。在许多方面，如解联立方程、分数四则运算、正负数运算、几何图形的体积面积计算等，都迈入世界先进之列，但因解法比较原始，缺乏必要的证明，刘徽又对此做了补充证明。在这些证明中，显示了他在多方面的创造性贡献。

刘徽是世界上最早提出十进制小数概念的人。在代数方面，他正确地提出了正负数的概念及其加减运算的法则；改进了线性方程组的解法。在几何方面，提出了“割圆术”，又利用割圆术科学地求出了圆周率π=3.14的结果。

《海岛算经》一书中，刘徽精心选编了九个测量问题，这些题目的创造性、复杂性和富有代表性，都在当时为世界所瞩目。

难以比拟的天才——华罗庚

华罗庚，国际数学大师。他为中国数学的发展做出了无与伦比的贡献。华罗庚先生早年的研究领域是解析数论，他在解析数论方面的成就尤其广为人知，国际间颇具盛名的“中国解析数论学派”就是华罗庚开创的，该学派对于质数分布问题与哥德巴赫猜想做出了许多重大贡献。

善于思考的华罗庚

华罗庚很早就养成了喜爱思考和不迷信权威的习惯。文学作品中的逻辑也会引发他的思考。那时候他手边没有什么书，只有一本代数，一本解析几何，还有一本50页的微积分。他就“啃”这几本书。因为坚持自修的关系，他对中学、大学数学的知识都进行了研究。他对初等数学的方方面面都进行了深入的思考，这为他日后在数学的多个领域有所建树奠定了基础。

华罗庚的数学成就

华罗庚1910年11月12日出生于中国江苏金坛县，1985年6月12日病逝于日本东京。国际上以华氏命名的数学科研成果就有“华氏定理”“怀依-华不等式”“华氏不等式”“普劳威尔-加当华定理”“华氏算子”“华-王方法”等。

上世纪40年代，他解决了高斯完整三角和的估计这一历史难题，得到了最佳误差阶估计。他是当代自学成才的科学巨匠、蜚声中外的数学家；他写的课外读物曾是中学生们打开数学殿堂的神奇钥匙；在中国的广袤大地上，到处都留有他推广优选法与统筹法的艰辛足迹。

著名数学家劳埃尔·熊飞儿德说：“他的研究范围之广，堪称为世界上名列前茅的数学家之一。受到他直接影响的人也许比受历史上任何数学家直接影响的人都多。”

数学王子陈景润与“1+2”

陈景润，汉族，福建福州人，厦门大学数学系毕业。是中国家喻户晓的数学家。其最大的成就是1966年发表的“1+2”定理，成为哥德巴赫猜想研究上的里程碑。有许多人亲切地称他为“数学王子”。

1999年，中国发表纪念陈景润的邮票。紫金山天文台将一颗行星命名为“陈景润星”，以此纪念他。另有相关影视作品以陈景润为名。

一个故事引出的数学成就

有谁会想到，陈景润的成就源于一个故事。

1937年，勤奋的陈景润考上了福州英华书院。此时正值抗日战争时期，清华大学航空工程系主任、留英博士沈元教授回福建奔丧，不想因战事被滞留家乡。几所大学得知消息，都想邀请沈教授前去讲学，都被他谢绝了。由于他是英华的校友，为了报答母校，他来到了这所中学为同学们讲授数学课。

一天，沈元老师在数学课上给大家讲了一故事：200年前有个法国人发现了一个有趣的现象：6=3+3，8=5+3，10=5+5，12=5+7，28=5+23，100=11+89。每个大于4的偶数都可以表示为两个奇数之和。因为这个结论没有得到证明，所以还是一个猜想。大数学家欧拉说过：“虽然我不能证明它，但是我确信这个结论是正确的。它像一个美丽的光环，在我们不远的前方闪耀着炫目的光辉……”

陈景润对这个奇妙问题产生了浓厚的兴趣。课余时间他最爱到图书馆读书，不仅读了中学辅导书，大学的数理化课程教材他也如饥似渴地阅读，因此获得了“书呆子”的雅号。兴趣是第一老师，正是这样的数学故事，引发了陈景润的兴趣，引发了他的勤奋，从而造就了一位伟大的数学家。

关于哥德巴赫猜想

1742年6月7日由德国数学家哥德巴赫给大数学家欧拉的信中，提出把自然数表示成素数之和的猜想，人们把他们的书信往来归纳为两点：

（1）每个不小于6的偶数都是两个奇素数之和。例如，6＝3＋3，8＝5＋3，100＝3＋97……（2）每个不小于9的奇数都是三个奇素数之和，例如，9＝3＋3＋3，15＝3＋7＋5……99＝3＋7＋89……

这就是著名的哥德巴赫猜想。从1742年到现在200多年来，这个问题吸引了无数的数学家为之努力，取得不少成果，虽然至今没有最后证明哥德巴赫猜想，但在证明过程中所产生的数学方法，推动了数学的发展。

为了解决这个问题，就要检验每个自然数都成立。由于自然数有无限多个，所以一一验证是办不到的，因此，一位著名数学家说：哥德巴赫猜想的困难程度，可以和任何没有解决的数学问题相匹敌。也有人把哥德巴赫猜想比作数学王冠上的明珠。

为了摘取这颗明珠，数学家们采用了各种方法，其一是用筛法转化成殆素数问题（所谓殆素数就是素因数的个数不超过某一素数的自然数），即证明每一个充分大的偶数都是素因数个数分别不超过 a与 b的两个殆素数之和，记为（a＋b）。

哥德巴赫猜想本质上就是最终要证明（1＋1）成立。数学家们经过艰苦卓绝的工作，先后已证明了（9＋9），（7＋7），（6＋6），（5＋5）……（1＋5），（1＋4），（1＋3），到1966年陈景润证明了（1＋2），即证明了每一个充分大的偶数都是一个偶数与一个素因数的个数不超过2的殆素数之和。离（1＋1）只有一步之遥了，但这又是十分艰难的一步。1966年至今已整整30年了，然而（1＋1）仍是一个未解决的问题。

重大进展

1966年，中国数学家陈景润宣布证明了“1+2”并于1973年发表了他的

↓陈景润证明出的“1+2”是研究“哥德巴赫猜想”的最新成果

论文《大偶数表示为一个素数及一个不超过两个素数的乘积之和》，在国际上引起了轰动。英国数学家哈伯斯坦姆与德国数学家李希特合著的一本名为《筛法》的数论专著，原有十章，付印后见到了陈景润的论文，便加印了第十一章，章目为“陈氏定理”。

这是一个举世瞩目的奇迹：一位屈居于3平方米小屋的数学家，借一盏昏暗的煤油灯，伏在床板上，用一支笔，耗去了6麻袋的草稿纸，最终攻克了世界著名数学难题“哥德巴赫猜想”中的“1+2”，创造了距摘取这颗数论皇冠上的明珠“1+1”只一步之遥的辉煌。

陈景润从小瘦弱、内向，独爱数学。演算数学题占去了他大部分的时间，枯燥无味的代数方程式使他充满了幸福感。由于他对数论中一系列问题的出色研究，受到华罗庚的重视，被调到中国科学院数学研究所工作。

“哥德巴赫猜想”这一200多年悬而未决的世界级数学难题，曾吸引了成千上万位数学家的注意，而真正能对这一难题提出挑战的人却很少。但陈景润将其作为这一生呕心沥血、始终不渝的奋斗目标。

拓展阅读

陈景润共发表学术论文70余篇，于1978年和1982年两次收到国际数学家大会请他做45分钟报告的邀请，这是中国人的自豪和骄傲。他所取得的成绩，他所赢得的殊荣，为千千万万的知识分子树起了一面不倒的旗帜，辉映三山五岳，召唤着亿万的青少年奋发向前。

↓“哥德巴赫猜想”的最终目标是要证明出“1+1=2”

学习没有捷径可走——阿基米德

丹麦数学史家海伯格在研究阿基米德的一些著作传抄本时，发现其中蕴含着微积分的思想。他所缺的是没有极限概念，但思想实质却伸展到17世纪趋于成熟的研究领域，预告了微积分的诞生。

钻研著名的《几何原本》

阿基米德公元前287年出生在意大利半岛南端西西里岛的叙拉古，父亲是位数学家兼天文学家。阿基米德从小受到良好的家庭教育，11岁就被送到当时希腊文化中心亚历山大城去学习。在这座号称“智慧之都”的名城里，阿基米德每天博览群书，汲取了丰富的知识，并且做了欧几里得学生埃拉托塞和卡农的门生，钻研《几何原本》。

数学史上的灿烂之星

阿基米德是兼数学家与力学家于一身的伟大学者，并且享有“力学之父”的美称。其原因在于他通过大量实验发现了杠杆原理，又用几何的方法推出许多杠杆命题，给出严格的证明。其中就有著名的“阿基米德原理”。他在数学上也有着极为光辉灿烂的成就。尽管阿基米德流传至今的著作只有十来部，且大多是几何著作，但却对推动数学的发展，起着决定性的作用。

国王拜他为师

阿基米德不仅是一个卓越的科学家，而且是一个很好的老师，他生前培养过许多学生，在这些学生中有一个特别的人物，他是希腊国王多禄米。

有一天，闲来无聊的多禄米忽然心血来潮想学点儿东西。当时，阿基米德已是很有名的科学家了，于是，多禄米决定请来阿基米德，拜他为师，向他学习一些几何知识。

接到国王召见，阿基米德丝毫不敢怠慢，急忙来到了皇宫。只见这里有白色大理石铺成的地板，水晶珍珠般的吊灯，雕龙刻虎的巨大梁柱，让整座宫殿格外富丽堂皇。阿基米德一边欣赏宫殿中的装饰，一边想这些宏伟的建筑中不知凝结了多少科学家和劳动人民的智慧和心血，尤其是那些精巧、别致的设计，无不反映出建造者们在数学特别是几何学方面深厚的造诣啊。

走向学问的路没有皇家大道

从此以后，阿基米德就当上了国王的私家数学教师。刚开始上几何课时，国王似乎下定了决心要学好这门课，听得非常认真。可时间一长，他的兴趣就逐渐淡了。哪怕阿基米德讲授的几何学内容都很浅显，但对几何已经没有兴趣的国王而言，一堂课的时间简直比一年还长，他渐渐显出不耐烦的情绪。

对国王情绪的变化，阿基米德看在眼中，记在心里。

这一天，他仍然一如既往地细心而又耐心地向国王讲解着各种几何的图形、原理以及计算方法。可多禄米对眼前出现的一个个三角形、正方形、菱形的图案毫无兴趣，有点昏昏欲睡了。阿基米德来到多禄米的身边，用手推推他。国王勉强睁开惺忪的睡眼，没等阿基米德说话，他反而先问："请问，学习几何，到底有没有更简捷的方法和途径？用你的方法实在太难学了。"

国王的问题让阿基米德思考了一会儿，然后他冷静地回答道："陛下，乡下有两种道路，一条是供老百姓走的乡村小道，一条是供皇家贵族走的宽阔坦途，请问陛下走的是哪一条道路呢？"

"当然是皇家的坦途呀！"多禄米十分干脆地回答到，不过他很茫然不解。

阿基米德继续说："不错，您当然是走皇家的坦途，但那是因为您是国王的缘故。可现在，您是一名学生。要知道，在几何学里，无论是国王还是百姓，也无论是老师还是学生，大家只能走同一条路。因为，走向学问的路是没有什么皇家大道的。"

听完了这番话，国王多禄米似乎明白了什么，思考了一下，终于重新打起精神认真听课了。

不畏辛苦才能成功

阿基米德这番话正是想要告诉国王：追求科学知识是没有捷径可走的，科学知识对任何人都一视同仁。正如伟大的革命导师马克思所说："在科学的道路上，是没有平坦的大路可走的，只有那些在崎岖小路上攀登不畏劳苦的人们，才有希望到达光辉的顶点。"

最幸运的天才——秦九韶

秦九韶，南宋官员、数学家，与李冶、杨辉、朱世杰并称宋元数学四大家。汉族，自称鲁郡（今山东曲阜）人，生于普州安岳（今属四川）。精研星象、音律、算术、诗词、弓箭、营造之学，历任琼州知府、司农丞，后遭贬，卒于梅州任所，著作《数书九章》，其中的大衍求一术、三斜求积术和秦九韶算法是具有世界意义的重要贡献。

自学成才的数学家

秦九韶，字道古，南宋嘉定元年（1208年）生，约景定二年（1261年）卒于梅州（今广东梅县），中国古代数学家。秦九韶宋绍定四年（1231年）考中进士，先后在湖北、安徽、江苏、浙江等地做官，1261年左右被贬至梅州（今广东梅县），不久死于任所。他在政务之余，对数学进行潜心钻研，并广泛搜集历学、数学、星象、音律、营造等资料，进行分析、研究。宋淳祐四至七年（1244—1247），他在为母亲守孝时，把长期积累的数学知识和研究所得加以编辑，写成了闻名的巨著《数书九章》，并创造了“大衍求一术”。这不仅在当时处于世界领先地位，在近代数学和现代电子计算设计中，也起到了重要作用，被称为“中国剩余定理”。他所论的“正负开方术”，被称为“秦九韶程序”。现在，世界各国从小学、中学到大学的数学课程，几乎都接触到他发现的定理、定律和解题原则。秦九韶在数学方面的研究成果，比英国数学家取得的成果要早800多年。

秦九韶非常聪明，且处处留心，好学不倦。其父任职工部郎中和秘书少监期间，正是他努力学习和积累知识的时候。工部郎中掌管营建，而秘书省则掌管图书，其下属机构设有太史局，因此，他有机会阅读大量典籍，并拜访天文历法和建筑等方面的专家，请教天文历法和土木工程问题，甚至可以深入工地，了解施工情况，他又曾向“隐君子”学习数学，他还向著名词人李刘学习骈俪诗词，达到较高水平。通过这一阶段的学习，秦九韶成为一位学识渊博、多才多艺的青年学者，时人说他“性极机巧，星象、音律、算术，以至营造等事，无不精究”。

《数书九章》——划时代巨著

《数书九章》全书共九章九类，十八卷，每类9题共计81道算题。该书著述方式，大多由“问曰”、“答曰”、“术曰”、“草曰”四部分组成：“问曰”，是从实际生活中提出问题；“答曰”，是给出答案；“术曰”，是阐述解题原理与步骤；“草曰”，是给出详细的解题过程。另外，每类下还有颂词，词简意赅，用来记述本类算题的主要内容、与国计民生的关系及其解题思路等。全书采用问题集的形式，并不按数学方法来分类。题文也不只谈数学，还涉及自然现象和社会生活，成为了解当时社会政治和经济生活的重要参考文献。《数书九章》在数学研究上有颇多创新。中国算筹式记数法及其演算式在此得以完整保存；自然数、分数、小数、负数都有专条论述，还第一次用小数表示无理根的近似值。

我国数学史家梁宗巨评价道：“秦九韶的《数书九章》（1247年）是一部划时代的巨著，内容丰富，精湛绝伦。特别是大衍求一术（不定式方程的中国独特解法）及高次代数方程的数值解法，在当时的世界数学史上具有崇高的地位。那时欧洲漫长的学术黑夜犹未结束，中国人的创造却像旭日一般在东方发出万丈光芒。”

拓展阅读

秦九韶是一位既重视理论又重视实践，既善于继承又勇于创新的数学家。他所提出的大衍求一术和正负开方术及其名著《数书九章》，是中国数学史、乃至世界数学史上光彩夺目的一页，对后世数学发展产生了广泛的影响。清代著名数学家陆心源称赞说：“秦九韶能于举世不谈算法之时，讲求绝学，不可谓非豪杰之士。”德国著名数学史家M.康托尔高度评价了大衍求一术，他称赞发现这一算法的中国数学家是“最幸运的天才”。美国著名科学史家萨顿说过，秦九韶是“他那个民族，他那个时代，并且确实也是所有时代最伟大的数学家之一”。

不会考试的数学家——埃尔米特

埃尔米特，法国数学家。曾任法兰西学院、巴黎高等师范学校、巴黎大学教授，法兰西科学院院士。在函数论、高等代数、微分方程等方面都有重要发现。在现代数学各分支中以他姓氏命名的概念（如表示某种对称性的）有很多，如“埃尔米特二次型”“埃尔米特算子”等。

不会考数学的数学家

虽然埃尔米特是19世纪最伟大的代数几何学家，但是他大学入学考试重考了五次，每次失败的原因都是数学考不好。他大学几乎没能毕业，每次考不好都是为了数学那一科。他大学毕业后考不上任何研究所，因为考不好的科目还是——数学。

数学是他一生的至爱，但是数学考试是他一生的噩梦。不过这无法改变他的伟大。课本上“共轭矩阵”是他先提出来的；人类1000多年来解不出的“五次方程式的通解”是他先解出来的；自然对数的“超越数性质”，他是全世界第一个证明出来的人。他的一生证明了“一个不会考试的人，仍然能有胜出的人生”，并且更奇妙的是不会考试成为他一生的祝福。

憎恨数学考试的埃尔米特

埃尔米特数学并不是真的那么差劲。只是他认为，当时的数学教学氛围死气沉沉，而数学课本就像一堆废纸，所谓的数学成绩好的人，都是一些二流头脑的人，因为他们只懂得生搬硬套！所以他从小就是个问题学生，上课时老爱找老师辩论，尤其是一些基本的问题。他痛恨考试，因为他一旦考糟了，老师就用木条打他的脚。他在后来的文章中写道：“教育要达到的目的是用头脑，又不是用脚，打脚有什么用？打脚可以使人头脑更聪明吗？”

在著作中寻找数学之美

在抵制考试的同时，埃尔米特又花了大量时间去看数学大师牛顿、高斯的原著，因为在他看来，只有在那里才能找到“数学的美，是回到基本点的辩论，那里才能饮到数学兴奋的源头”。他在年老时，回顾少年时的轻狂，写道：“传统的数学教育，要学生按部就班地、一步一步地学习，训练学生把数学应用到工程或商业上，因此，不重视启发学生的开创性。”但是数学有它本身抽象逻辑的美，例如在解决多次方程式里，根的存在本身就是一种美感。数学存在的价值，不只是为了生活上的应用，也不应沦为供工程、商业应用的工具。数学的突破仍需要不断地去突破现有格局。

是谁成为了埃尔米特的动力

能够使埃尔米特不愤世嫉俗、坦然前行的动力是什么？有三个重要的因素。

一是妻子的了解与同心。埃尔米特的妻子，无怨无悔地跟随这个不会考试的天才丈夫一年一年地走下去。

二是有人真正地赞赏他，不因他平凡的外表与没有耀人的学位而轻视他。欣赏他的人后来也都在数学界享有盛名——柯西、雅科比等。

三是埃尔米特的信仰。埃尔米特在43岁时染患一场大病，柯西来看他并把福音传给他。信仰给他另一种精神层面的价值与满足。埃尔米特在49岁时，巴黎大学才请他去担任教授。此后的25年，几乎整个法国的大数学家都出自他的门下。我们无从得知他在课堂上的授课方式，但是有一件事情是可以确定的——没有考试。

拓展阅读

埃尔米特是一位热心的数学传播者，他经常无保留地向数学界提供他的知识、想法以及创造性的思维火花，一般通过书信、便条以及讲演进行这种传播。例如，他与T.J.斯蒂尔切斯从1882年到1894年间至少写过432封信。只要认真阅读埃尔米特的著作，就会发现，他提供了许多可以作为别人发现的序幕的例子，他的数学传播工作极大地促进了数学的发展。

举世罕见的数学天才——莱布尼兹

莱布尼兹是17、18世纪之交德国最重要的数学家、物理学家和哲学家，一个举世罕见的科学天才。他博览群书，涉猎百科，对丰富人类的科学知识宝库做出了不可磨灭的贡献。

出生书香之家的莱布尼兹

莱布尼兹出生于德国东部莱比锡的一个书香之家，父亲是莱比锡大学的道德哲学教授，母亲出生在一个教授家庭。莱布尼兹的父亲在他年仅6岁时便去世了，给他留下了丰富的藏书。莱布尼兹因此得以广泛接触古希腊罗马文化，阅读了许多著名学者的著作，由此而获得了坚实的文化功底和明确的学术目标。

勤奋的求学经历

15岁时，莱布尼兹进了莱比锡大学学习法律，一进校便跟上了大学二年级标准的人文学科的课程，还广泛阅读了培根、开普勒、伽利略等人的著作，并对他们的著述进行了深入的思考和评价。在听了教授讲授欧几里得的《几何原本》的课程后，他对数学产生了浓厚的兴趣。

20岁时，莱布尼兹转入阿尔特道夫大学。这一年，他发表了第一篇数学论文《论组合的艺术》。这是一篇关于数理逻辑的文章，文章虽然不够成熟，但却闪耀着创新的智慧和数学的才华。

从1671年开始，他利用外交活动开拓了与外界的广泛联系，尤以通信作为他获取外界信息、与人进行思想交流的一种主要方式。在出访巴黎时，莱布尼兹深受帕斯卡事迹的鼓舞，决心钻研高等数学，并研究了笛卡尔、费马、帕斯卡等人的著作。1673年，莱布尼兹被推荐为英国皇家学会会员。此时，他的兴趣已明显地朝向了数学和自然科学，开始了对无穷小算法的研究，独立地创立了微积分的基本概念与算法，和牛顿共同奠定了微积分学。

不过，关于微积分创立的优先权，数学上曾掀起了一场激烈的争论。

微积分的创立是牛顿还是莱布尼兹

实际上，牛顿在微积分方面的研究虽早于莱布尼兹，但莱布尼兹成果的发表则早于牛顿。莱布尼兹在1684年10月发表在《教师学报》上的论文《一种求极大极小的奇妙类型的计算》，在数学史上被认为是最早发表的微积分文献。

牛顿在1687年出版的《自然哲学的数学原理》的第一版和第二版也写道："十年前在我和最杰出的几何学家莱布尼兹的通信中，我表明我已经知道确定极大值和极小值的方法、作切线的方法以及类似的方法，但我在交换的信件中隐瞒了这一方法，这位最卓越的科学家在回信中写道，他也发现了一种同样的方法。他并叙述了他的方法，它与我的方法几乎没有什么不同，除了他的措词和符号以外。"因此，后来人们公认牛顿和莱布尼兹是各自独立地创建微积分的。

巧妙运用数学符号

牛顿从物理学出发，运用集合方法研究微积分，其在应用上更多地结合了运动学，其造诣高于莱布尼兹。莱布尼兹则从几何问题出发，运用分析学方法引进微积分概念，得出运算法则，其逻辑的严密性与系统性是牛顿所不及的。莱布尼兹认识到好的数学符号能节省思维劳动，运用符号的技巧是数学成功的关键因素之一。因此，他发明了一套适用的符号系统。这些符号进一步促进了微积分学的发展。1713年，莱布尼兹发表了《微积分的历史和起源》一文，总结了自己创立微积分学的思路，说明了自己成就的独立性。

数学物理方面的巨大成就

莱布尼兹在数学方面的成就是巨大的，他的研究及成果渗透到高等数学的许多领域。他的一系列重要数学理论的提出，为后来的数学理论奠定了基础。例如，莱布尼兹创立了符号逻辑学的基本概念，发明了能够进行加、减、乘、除以及开方运算的计算机二进制算法，为计算机的现代发展奠定了坚实的基础。

莱布尼兹在物理学方面的成就也是非凡的。他的物理学研究一直在朝着为物理学建立一个类似欧氏几何的公理系统的目标前进。不仅是数学物理，莱布尼兹对中国的科学、文化和哲学思想也十分关注，他是最早研究中国文化和中国哲学的德国人。

第八章

数学开心辞典

你相信即使你不告诉我你的出生年月，我也能算出你的年龄吗？你知道棋盘上能放多少颗麦粒吗？你知道谁能指挥数字吗？你知道数学家留下了什么遗嘱吗？想要解开答案，来看看数学开心辞典吧。

算出你的年龄

你相信即使你不告诉我你的出生年月，我也能算出你的年龄吗？不过，首先，你得从0到7中任意挑选一个数字。

我能算出你的年龄

如果你现在选择2。接下来，我们用这个“2”乘2，得到了4。然后再来加上5，得到9。再用9来乘以50。答案是多少？450，记下这个数。

你今年的生日过了吗？如果过了，那就在450这个数上再加上1762，得到2212。那要是没过呢，只要在450这个数上加上1761，我们就得到了2211。

离你的岁数太“遥远”了吧？就好像光年和年之间的差别。当然这是不可能的，因为我们还有最后一件事没做。那就是用刚才你得到的这个数2211减去你出生的年份，结果是多少？5——4——3——2——1，停！

231！

你现在三十一岁，对不对？1980年出生的。

一点没错。2211-1980=231，百位上的2表示你每周想去散心的次数，后面的两位就是你的年龄了。

↓算出你的年龄

年龄推算分析

还是难以置信？你可以再试试。这里面包含着什么道理吗？按上面的步骤，我们举一个式子来看看。

（2×2+5）×50+1761−1980

=2×2×50+5×50+1761−1980

=（2×2×50）+（5×50+1761）−1980

=200+2011−1980 =231

看出来了吗？第三列等式中，200相当于一个常数，不变，如果我们设出去走走的天数为x，这个算式不论怎么算，它都会是100x，后面的2011表示过去一年的年份，因为你的生日还没过，所以算作去年。如果你的生日过了，这里的数就会是2012，表示今年，这个数也是不变的，所以减去你出生的年份，不是正好是你的岁数吗？对了，它是用了一系列迷惑人的数字来替换常数，你可不要被它迷惑了啊。

数学原理揭谜

如果把上面的式子用字母代替一下，你会看得更明白。今年生日没过：（2x+5）50+1761－出生年=100x+2011－出生年= xab(其中x表示出去走的天数，ab表示你的年龄)。

今年生日已过：（2x+5）50+1762－出生年=100x+2012－出生年= xab（其中x表示出去走的天数，ab表示你的年龄）。

这个道理我只告诉你一个人哦，可不能让别人知道了。要不然你找别人玩时就没戏了。

↓神秘的数字

扑克牌中的数学游戏

很多人喜欢玩扑克牌，争上游、斗地主、双扣等，如果不加上赌博因素的话，这些其实就是一些数学游戏。

扑克牌，是技巧还是巧合

玩扑克牌，除了运气之外（手中的牌好不好），还得靠技巧。扑克牌的玩法很多，下面我们介绍一种曾经风靡美国和日本的玩法：24点。把两张王牌去掉，把A、J、Q、K分别看作1点、11点、12点、13点，或者把它们全部看成1点，其余的牌上数字是几点就算作几点。游戏的步骤是:

1.四个人一起玩，每个人抓13张牌，每人每次从手中任意抽一张牌出来。

2.游戏者对这四张牌的数字进行加减乘除运算，可以加括号，使结果等于24。谁先列出结果为24的算式，谁就得1分。如果游戏的人都没办法列出，就没有人能够得分。牌放入底。

3.继续按步骤1、2进行，直到把每个人手中的13张牌全部用完为止。最后得分多者为胜。举个例子，比如这四张牌分别是：Q，10，Q，1，那么运用12×（12—10）×1=24。

由此可知，要想比赛获胜，并不是一味地去硬拼硬算就可以得来的，即使那样，也算得很慢。因此，技巧也非常重要。也就是说，我们必须要非常清楚24可以怎样由两个数来求得。第一种情况是乘，比如：2×12=24，3×8=24，4×6=24；第二种情况是加减，如：16+8=24，28–4=24，32–8=24……这样，我们就把4个数的问题转化成了2个数的问题，计算起来就容易得多。

一种更简单的方法

举例来说，依据2×12=24，可得2×（3+4+5）=24；依据3×8=24，可

得3×（12÷6×4）=24等等。当然，我们的这种解法并不是唯一的，还可以用其他方式求得，但关键就是要学会转化。

以上说的是4个数字不相同的情况，如果4个数字相同，哪些情况可以算出“24”来呢？我们来看看，如果把J、K、Q、A全看作1的话，那么4人抽出同一数字的牌有9种情况：4个1，4个3，4个4……4个8，4个9。如果把J、K、Q、A看作11、12、13、1的话，那么就有13种情况。由于4个数字相同，用乘的方式去考虑就不太容易实现，所以我们可以考虑加减关系。比如12+12=24，27−3=24等等。

4个1和4个2由于数太小，即使我们全部用乘也没法算出“24”，所以先排除掉。从4个7一直到4个13，由于数太大了，也没法算出“24”。因此，剩下的只有3−6这4个数字。

运用12+12=24，我们可以得出（6+6）+（6+6）=24。

运用20+4=24，我们可以得出4×4+4+4=24。

运用25−1=24，则可得5×5−5÷5=24。

运用27−3=24，那么可以算出3×3×3−3=24。

再假如，如果抽出的四张牌恰好是“1—9”中从大到小连续排列的四张，这样的牌能算出“24”吗？你不妨去算算！

凑成“24”点的方法还有很多，我们就不一一介绍了，关键是要掌握技巧。

拓展阅读

扑克牌一共有54张，它和我们的天文历法密切相关。除去大小王，一共有52张，代表一年有52个星期。大小王分别代表太阳和月亮。一副牌共有4种花色，黑桃、红桃、方块、梅花，代表春、夏、秋、冬四季，红桃、方块代表白昼，黑桃、梅花代表黑夜。每一种花色正好是13张牌，代表每一季度基本上是13个星期。13张牌的点数加在一起是91，差不多是一个季度的天数。4种花色的点数加起来是364，把小王算作1点，正好是365，表示一年的时间。加上大王1点，正符合闰年的天数。J、Q、K一共有12张，表示一年有12个月，又表示太阳在一年内经过12个星座。

我们平常玩的扑克牌游戏都是点对点的游戏，你还知道扑克牌其他的玩法吗？

庞贝古城留下的谜题

古罗马时期曾经有一座繁华无比的都市，叫庞贝，是地中海的一处天然良港。这里有神奇的太阳神庙、巨大的斗兽场、恢宏的大剧院、灵验的巫师堂以及新奇的蒸气浴室。加上城北维苏威火山多次喷发带来的奇异岩浆土、火山石、地热温泉以及佳酿美酒，不断吸引着无数的贵族、富商纷纷来到此地造花园、建别墅、开发娱乐场馆，庞贝很快成为了烟柳繁华之地。这里的人们过着奢靡的生活，醉生梦死。然而，谁能料到给他们带来财富、名声的维苏威火山有一天会成为这座城市永远的噩梦？

灾难，意外之外

维苏威火山位于现在的意大利南部，它是一座举世闻名的活火山，数千年来它一直在不断喷发，庞贝城是建筑在远古时期维苏威火山一次爆发后变硬的熔岩基础上的。可是公元初前，著名的地理学家斯特拉波仅凭维苏威火山的地形地貌就断定它是一座死火山，当时的人们完全相信了这一说法。他们在火山两侧种上了绿油油的庄稼，平原上到处是柠檬、橘子林和葡萄园。他们无论如何也没有想到，这座“死火山”有一天会喷发出炽烈的火焰。某年某月某日，维苏威火山突然爆发，瞬间，火山喷出的灼热岩浆遮天蔽日，夹杂着滚烫的火山灰扑向庞贝城，很快，厚约五六米的熔岩和火山灰吞没了这座闻名遐迩的拥有2万人口的城市。其他几个有名的海滨城市如赫库兰尼姆、斯塔比亚等也被殃及，遭到严重破坏。

庞贝古城引发的数学题

后来，有人以庞贝古城为话题，出了这么一道数学题：庞贝古城从它的全盛时期到火山爆发将它湮没，正好是横跨公元元年前后相同的年数。以前人们并不知道有这么一个古城，在挖掘的那年，才发现它已经被火山爆发湮没了1669年。挖掘的工作一直延续了212年，到挖掘结束，证实已距庞贝城最繁华的时期2039年。请问：庞贝城全盛时是哪年？火山爆发把它湮没又是哪年？挖掘工作又是从哪年到哪年？

该如何去找出答案呢？你先想想，然后再来看看和我们的答案是否一致，谁的方法更简单一点。

庞贝古城谜题揭底

我们可以用方程来解。

设庞贝城全盛时期为公元前的x年，因为题目告诉我们，它被火山湮没时正好是横跨公元元年前后相同的年数，那么，火山爆发把它湮没时就应该在公元后x年。我们再设挖掘工作从公元y年到z年，那么：

① $1669+212+2x=2039$

这个方程式是什么意思呢？公元前的x年加上公元后的x年，就是它的全盛期到湮没时期的年代数，也就是$2x$年。挖掘那年时距火山爆发已经有1669年，挖掘了212年，那么这三个数字相加，正好是挖掘时期结束到全盛时期的相距时段2039年。据此，我们得出x为79，也就是说，庞贝城的全盛时期是公元前79年，被火山湮没时是公元后79年。

② $y=x+1669$

这个方程式是什么意思呢？火山湮没庞贝城时为公元后的x年，加上被湮没至今的时间1669年，不正好是挖掘工作开始那年y年吗？现在我们已经x为79，因此也就知道挖掘工作开始那年是1748年。

③ $z=y+221$

由②式已知y为1748，那么z就等于1960。也就是说，到1960年时庞贝城的挖掘工作结束。所以，庞贝城全盛时期为公元前79年，火山爆发把它湮没在公元后79年，挖掘工作从公元1748年一直延续到1960年。

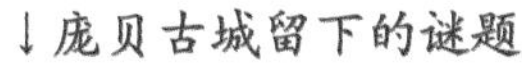
↓庞贝古城留下的谜题

你知道棋盘上能放多少颗麦粒吗

在印度舍罕王时代，舍罕王发出一道命令：谁能发明一件让人娱乐，又在娱乐中使人增长知识，使人头脑变得更加聪明的东西，本王就让他终身为官，并且皇宫中的贵重物品任其挑选。这下，印度国内热闹起来了，全国上下的能工巧匠们挖空心思，发明创造了一件又一件的东西，它们被络绎不绝地送到舍罕王的面前，但是没有一件能够让国王满意。

“消失”的宰相

这天，风和日丽，舍罕王闲着无聊，就准备和大臣们到格拉察湖去钓鱼。舍罕国王忽然发现人群中少了一个人，那是宰相西萨·班·达依尔。他就问：“宰相干什么去了？”

有人回答说：“宰相大人因为宫中有一件事没处理好，正在那里琢磨呢。”

于是，舍罕国王没有追问下去，和大臣们来到了湖边。

春日暖暖，垂柳依依。一阵微风吹来，湖面泛起阵阵涟漪，在阳光的照射下，闪烁出钻石般的光芒。不时有鱼儿跃出水面，银光闪闪。

面对此般美景，舍罕国王心旷神怡，龙心大悦。这时，有人来报：宰相达依尔飞马来到。

心情极佳的舍罕王忙传宰相进见。

达依尔匆匆下马，来到舍罕王的面前禀道：“陛下，为臣在家中琢磨了许多天，终于发明了象棋，不知大王满意否？”

舍罕王一听此言，连忙说道：“什么象棋，赶快拿来看看。”

宰相的小小要求

宰相达依尔有着超人的智慧和聪明的头脑，尤其喜爱发明创造以及严密的数学推理。他发明的象棋是国际象棋，整个棋盘是由64个小方格组成的正方形。

国际象棋共32个棋子，每方各16个，它包括王一枚、王后一枚、仕两枚、马两枚、车两枚、卒八枚。双方的棋子在格内移动，以消灭对方的王为胜。

听了宰相的介绍后，国王高兴极了，连忙招呼其他大臣与他对弈，一时间，马腾蹄、卒拱动、车急驰，不一会儿，舍罕王大胜。

心情极佳的舍罕王于是打算重赏自己的宰相，赏官吧，除自己外，宰相已是最高级别，不能再赏了，再赏只好自己让位了，只有赏财物。他向宰相说："爱卿，官是不能赏的了，你想要些什么宝贝呢？"

宰相"扑通"跪在国王面前说："陛下，为臣别无他求，只请您在这张棋盘的第一个小格内，赏给我一粒麦子，在第二个小格内给二粒，第三格内给四粒，第四格内给八粒。总之，每一格内都比前一格加一倍。陛下啊，把这样摆满棋盘上所有64格的麦粒都赏给我，我就心满意足了。"

填不满的棋盘

国王说了话，正有些后悔，要是宰相开口要自己也喜欢的宝贝就糟了，没想到宰相的胃口并不大，于是国王忙不迭地应允了："爱卿，你所求并不多啊，你当然会如愿以偿的。"

国王心里为自己对这样一件奇妙的发明所许下的慷慨赏诺不致破费太多而暗喜，便令人把一袋麦子拿到宝座前。

计数麦粒的工作开始。第一格放一粒，第二格两粒……还不到第 20 格，袋子已经空了。接着一袋又一袋的麦子搬了进来，又空袋出去。很快，京城里的全部小麦都摆完了，棋盘还没摆满。但是，麦粒数一格接一格地增长得那样迅速，开始是人扛，后来是马车拉，再后来，干脆一个粮库也填不满一个小格。很快就可以看出，即便拿来全印度的粮食，国王也兑现不了他对宰相许下的诺言。

聪明反被聪明误

上面这个例子实际上是一个等比数列。让我们来算一算这位宰相要多少麦粒：

$1+2+4+8+\cdots\cdots+2^{63}$

$=18446711073709551615$（粒）

这个数字不像宇宙间的原子总数那样大，但也够可观的了。1千克小麦约有18万粒，照这个数，那就得给宰相拿来100万亿千克才行。

这位宰相所要求的，竟是全世界在2000年内所生产的全部小麦！这样一来，舍罕王觉得自己金言一出，又不能兑现，怎么办？一大臣献计，找个原因杀他的头。宰相西萨·班·达依尔的头就这样被献上数学的祭坛。看来，有时候聪明反被聪明误。不过，这也反映了古印度数学的发达。

鸡兔同笼问题的解法

《镜花缘》是我国的著名小说，是清代学者李汝珍所著。在这本书里，李汝珍写了100个才女，她们多才多艺，有的精通琴棋书画，有的擅长医学星相，有的专于音韵算法……

其中有一位精通算学的才女“矶花仙子”，名叫米兰芬，书中描绘了她计算灯数的故事。

米兰芬算灯

宗伯府的女主人卞宝云邀请才女们到府中的小鳌山楼上观灯。楼上楼下彩灯流光溢彩，绚丽多姿。灯上装饰着五彩缤纷的灯球，犹如繁星点点，难断其数。卞宝云请才女米兰芬算一算楼上楼下灯的盏数。她告诉米兰芬，楼上灯形状有两种：一种灯是上面3个大球，下缀6个小球；一种灯是上面3个大球下面18个小球。楼下的灯也有两种，一种是1个大球缀2个小球，一种是1个大球缀4个小球。知道楼上有大灯球396个，小灯球1440个，楼下有大灯球360个，小灯球1200个。问楼上楼下的四种灯各有多少盏?

米兰芬说：“以楼下论，将小灯球数折半，得600，减去大灯球数360，可知缀4个小灯球的灯数为240，用360减240得120，可知缀2个小灯球的灯数为120。此用‘鸡兔同笼’之法。”用同样的方法算楼上灯数：“以1440折半，得720，720−396=324，324÷6=54。得缀18个小灯球的灯数为54。用396−54×3=234，234÷3=78。即得缀6个小灯球的灯数为78。”

《孙子算经》里的数学题

米兰芬“噼里啪啦”这么一算，是不是把你给搞糊涂了？她所说的是什么样的算法?

在我国唐代曾流行一部算书《孙

子算经》，这本书里记载了这样一则有趣题目：“今有鸡兔同笼，上有三十五头，下有九十四足，问鸡兔各多少？”

简单点来说，就是说一个笼子里关有鸡和兔，数头呢有35个，数脚呢是94只，问鸡和兔各有多少只？

如果我们现在来做，多半是使用二元一次方程。而孙子的算法却妙不可言。他设想鸡兔的脚统统减小一半，鸡变成“金鸡独立”，兔变成后两条腿站着，来个高难度的“恭喜发财”。这样一来，那么现在笼子里的脚就变成94除2得47了。假设笼子里全是鸡，这时数鸡时，每只鸡都是一头一脚（另一脚缩起来了），所以35只鸡应该有35只脚，现有47只脚，多出了12只，这多出的脚是哪来的呢？原来每只兔子都要多数1只脚，这多出的12只脚自然就是12只兔子的了。这样一来，用35减去12，得出的23就是鸡的数目。

鸡兔同笼问题的解法

你能理解米兰芬的算法了吗！比如说楼下的灯，1个大球下缀2个小球，就相当于“一只鸡有两只脚”；1个大球下缀4个小球就相当于“一只兔有四只脚”。所以，用“鸡兔同笼”之法就算清楚了。下面再教给你一个口诀：

鸡有两只脚，兔有四只脚。

先数头和身，再按鸡分脚。

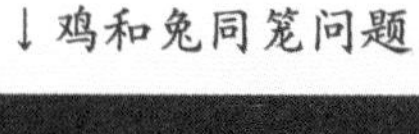
↓鸡和兔同笼问题

能指挥数字的人

诺伯特·维纳不仅是20世纪著名的数学家，而且是信息论的先驱和控制论的奠基人，对现代计算、通讯、自动化技术、分子和生物等前沿学科都有着极为广泛的影响。

18岁的科学博士

维纳是当之无愧的神童。从小就智力超常，据其自传《昔日神童》记述，他3岁时就能读写，7岁时就能阅读和理解但丁与达尔文的著作，14岁时就大学毕业了。过了几年，他又通过了博士论文答辩，成为美国哈佛大学的科学博士。

独具特色的回答

在隆重的博士学位的授予仪式上，执行主席看到维纳一脸稚气，不由十分惊讶，好奇地询问："阁下今年多少岁？"维纳不愧为数学神童，他的回答十分巧妙："我今年岁数的立方是个四位数，而岁数的四次方是个六位数，把这两个数合起来看，它们正好把十个数字0、1、2、3、4、5、6、7、8、9全都用上了。而且既不重复，也没有漏掉哪位数。这意味着全体数字都向我俯首称臣，预祝我将来在数学领域里一定能干出一番惊天动地的大事业。"

维纳此言一出，四座皆惊，大家都被他出的这道妙题深深地吸引住了。整个会场上的人，都在议论他的年龄问题。

简单的回答，复杂的解法

这个问题有趣，不难，但要解答它倒真需要一些数字的"灵感"。

从两位数的立方来看，21的立方等于9261，是个四位数，符合维纳的第一个要求，而22的立方等于10648，已经是五位数了，比22更大的数，其

立方只会更大，肯定不符合要求，所以维纳的年龄肯定小于22岁。再来看第二个条件，这个数字的四次方是个六位数，通过计算，17的四次方等于83521，是个五位数，比17小的数字也不符合要求，而18的四次方是一个六位数，符合第二个条件。

因此，维纳的年龄只可能是18、19、20、21这四个数中的一个。

我们来看第三个条件：把这两个数合起来看，它们正好把十个数字0、1、2、3、4、5、6、7、8、9全都用上了。而且既不重复，也没有漏掉哪位数。

剩下的工作就是“一一筛选”了。20的立方是8000，有3个重复数字0，不合题意。19的四次方等于130321，21的四次方等于194481，都有数字重复，不合题意，所以这些数应该被“开除”出去。于是，最后只剩下一个数字18，它是不是正确答案呢？

谜题大揭底

你看，18的立方等于5832，四次方等于104976，恰好“不重不漏”地用完了十个阿拉伯数字，多么完美的组合！请看，从0到9，十个数字是不是都服服帖帖地向维纳朝拜呢？维纳说的话可一点也不假。

↓十个简单的数字可以组成复杂的数字王国

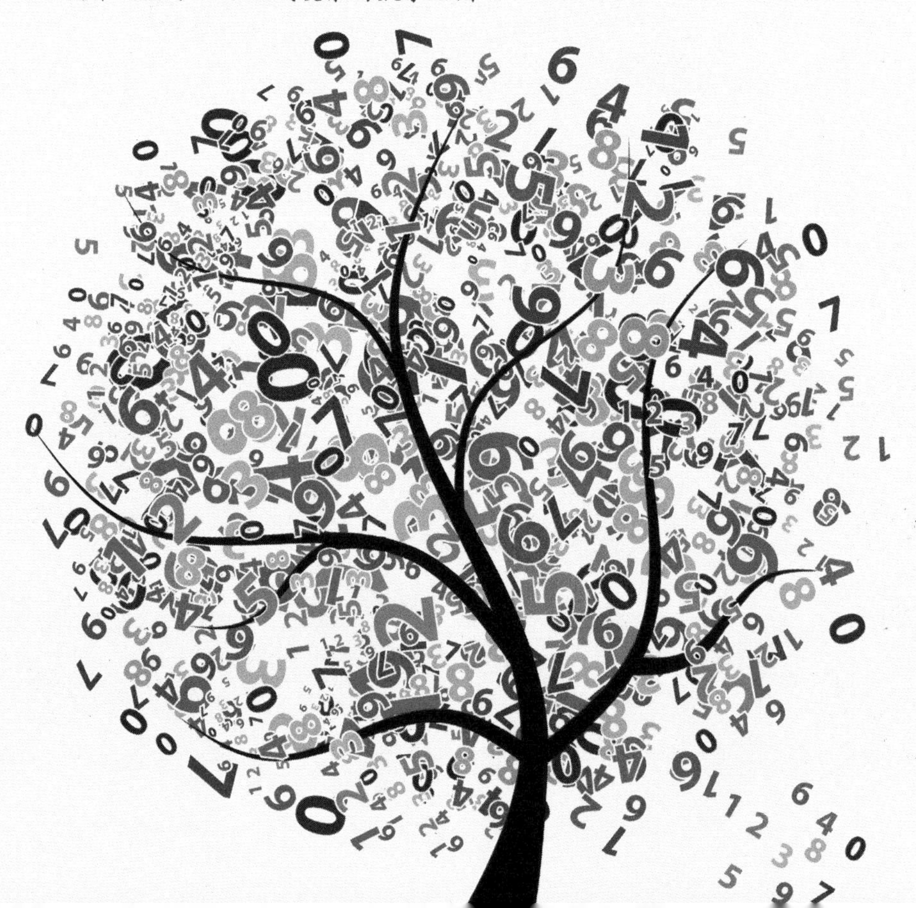

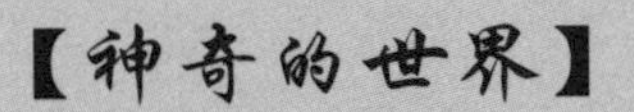

◎ 出版策划　滕书堂文化

◎ 组稿编辑　张　树

◎ 责任编辑　王　珺

◎ 封面设计　刘　俊

◎ 图片提供　全景视觉

上海微图

图为媒